먹고 마시고
바르는
과채 습관

한 권으로 끝내는 1일 1과채 레시피

김은미, 김소진 지음

길벗

먹고 마시고 바르는
과채습관
Eating and drinking habbits for inner beauty
:by using fruits and vegies

초판 발행 · 2019년 1월 3일

지은이 · 김은미, 김소진
발행인 · 이종원
발행처 · (주)도서출판 길벗
출판사 등록일 · 1990년 12월 24일
주소 · 서울시 마포구 월드컵로 10길 56(서교동)
대표전화 · 02)332-0931 | **팩스** · 02)322-0586
홈페이지 · www.gilbut.co.kr | **이메일** · gilbut@gilbut.co.kr

편집팀장 · 민보람 | **책임편집** · 방혜수(hyesu@gilbut.co.kr) | **디자인** · 강은경
제작 · 이준호, 손일순, 이진혁 | **영업마케팅** · 한준희 | **영업관리** · 김명자 | **독자지원** · 송혜란, 정은주

기획 · 우현진 | **편집진행** · 김소영 | **전산편집** · 한효경 | **교정교열** · 허지혜 | **사진** · 이원엽
푸드스타일리스트 · 양유경, 이은희 | **CTP 출력** · **인쇄** · 보진재 | **제본** · 경문제책

ISBN 979-11-6050-683-9(13590)
(길벗 도서번호 020028)

정가 15,000원

독자의 1초까지 아껴주는 정성 길벗출판사

(주)도서출판 길벗 | IT실용, IT/일반 수험서, 경제경영, 취미실용, 인문교양(더퀘스트) **www.gilbut.co.kr**
길벗이지톡 | 어학단행본, 어학수험서 **www.gilbut.co.kr**
길벗스쿨 | 국어학습, 수학학습, 어린이교양, 주니어 어학학습, 교과서 **www.gilbutschool.co.kr**

페이스북 · www.facebook.com/gilbutzigy | 트위터 · www.twitter.com/gilbutzigy

독자의 1초를
아껴주는 정성!

◇————————————————◇

세상이 아무리 바쁘게 돌아가더라도
책까지 아무렇게나 빨리 만들 수는 없습니다.
인스턴트 식품 같은 책보다는
오래 익힌 술이나 장맛이 밴 책을 만들고 싶습니다.

땀 흘리며 일하는 당신을 위해
한 권 한 권 마음을 다해 만들겠습니다.
마지막 페이지에서 만날 새로운 당신을 위해
더 나은 길을 준비하겠습니다.

독자의 1초를 아껴주는 정성을
만나보십시오.

contents

Intro

PART 1 | 1일
1샐러드

PART 2 | 1일 1주스

PART 3 | 1일 1팩

아름다움을 위한 5가지
영양소가 담긴 레시피로
누구나 예뻐지세요.

젊음과 아름다움에 대한 관심은 남녀노소를 가리지 않습니다. 어떤 경우, 아름다움이 건강보다 우선순위가 되는 안타까운 사례도 종종 볼 수 있습니다. 제 직업이 영양 컨설턴트이다 보니 사람들과 대화를 하다 보면 지연스레 '식품과 영양'이 주제가 되는 경우가 많습니다. 누군가는 예뻐지기 위해, 누군가는 건강해지기 위해, 누군가는 살을 빼기 위해 무엇을 먹어야 할지 묻곤 합니다. 이 모든 것을 해결할 수 있는 만병통치약이 있다면 믿으실까요? 정답은 채소와 과일의 충분한 섭취입니다. 과거에는 영양 부족이 문제였다면, 이제는 영양 과잉으로 인한 영양 불균형의 문제가 건강 관리의 핵심 요소로 떠오르고 있습니다. 탄수화물, 지방, 단백질 같은 다량 영양소와 비타민, 무기질 등 미량영양소의 영양 밸런스가 무너져 비만, 질병, 노화 등이 일어나는 경우가 많습니다. 여러분이 하루에 섭취하는 채소와 과일의 양은 얼마나 되나요? 질병관리본부의 조사에 따르면, 과일과 채소를 권장 섭취량인 500g만큼 충분히 먹는 국민은 10명 중 4명이며, 그중에서도 여성은 권장량의 절반에도 미치지 못하는 양을 섭취하고 있다고 합니다.

채소와 과일에는 아름다움과 젊음, 그리고 건강을 유지하는 데 필수적인 5가지 영양소인 비타민, 무기질, 파이토케미컬, 식이섬유소, 수분이 풍부하게 들어 있습니다. 하루 5번, 5가지 색의 채소와 과일을 골고루 먹어야 합니다. 에너지 대사를 도와주는 비타민과 무기질, 노폐물 배출에 탁월한 수분과 식이섬유소, 강력한 항산화영양소인 파이토케미컬은 건강과 아름다움 두 마리 토끼를 잡게 해줄 비결입니다. 이제는 탄수화물, 단백질, 지방의 칼로리가 아닌 아름다움을 위한 5가지 영양소에 집중해보세요. 피곤하고 푸석푸석한 피부를 관리하는 뷰티 아이템도 중요하지만, 더 오랫동안 더 어려 보이는 피부를 유지하고 싶다면, 나의 식단부터 관리해야 합니다.

바쁜 현대인들의 고민을 담아 생활 속에서 쉽게 구할 수 있는 재료로 간단하고 맛있게 건강과 다이어트, 그리고 아름다움을 충족시켜줄 수 있는 샐러드와 주스 레시피를 만들었습니다. 신선한 채소와 과일, 그리고 건강한 단백질 식품과 맛있지만 칼로리는 낮은 드레싱이 함께하는 꽉 찬 영양의 샐러드 레시피! 내 기분과 상태에 따라 골라서 즐길 수 있는 5가지 색의 건강 디톡스 주스 레시피로 맛있고 다양하게 내 안의 아름다움을 디자인하세요.

김은미

오늘보다 더 예쁜 내일의 나를 위한, 홈메이드 천연팩

어렸을 때 엄마와 함께 목욕을 하면서 우유팩을 했던 기억이 제 인생의 첫 번째 천연팩이 아닌가 싶습니다. 매끈거리는 우유를 얼굴과 몸에 끼얹으며 촉촉해지고 우유처럼 하얀 피부가 되었으면 하는 바람으로 고사리 같은 손으로 톡톡 얼굴을 두드렸던 기억을 떠올리다 보니, '예뻐지고 싶은 마음은 지금처럼 나이가 들어서나 어렸을 때나 한결같구나' 하는 생각에 미소가 지어집니다.

이처럼 우유로 세안하고 톡톡 두드려주는 것만으로도 천연팩을 했다고 말할 수 있을 만큼 집에서 천연팩을 하는 것은 어찌 보면 정말 쉬운 일입니다. 물론, 간편하게 할 수 있는 마스크 팩들이 시중에 무척 잘 나와 있는 것도 사실입니다. 주름 개선에 미백, 노화 방지, 보습 등 다양한 효능을 명시하며 시판되는 팩들을 보면 편리성 면에서도 좋고 마무리도 깔끔해서 피부관리를 편하게 할 수 있는 좋은 방법이라고 할 수 있습니다. 하지만 복잡한 유통 과정을 거쳐야 하는 시판 제품이다 보니 온도의 변화에 변질되지 않고 오랜 기간 성분이 유지되어야 하기 때문에 방부 및 보존을 위한 성분이 들어갈 수밖에 없는 것 또한 사실입니다. 그에 비해 천연팩은 조금 수고로울 수 있지만 직접 구매한 혹은 집에서 보관하고 있던 신선하고 깨끗한 천연재료로 만들어지기 때문에 믿고 안전하게 사용할 수 있다는 큰 장점이 있습니다. 비용적인 면에서도 요리를 하고 남은 식재료를 사용하면 되니 따로 비용을 들이지 않고도 만들 수 있어 경제적으로 도움이 됩니다. 또한 다양한 제품 중에서 자신에게 맞는 것을 고르고 구매하러 이동하거나 혹은 주문한 뒤 배송되기까지 기다리는 시간을 줄일 수 있어 시간적인 면에서도 매력적입니다.

달걀, 우유, 밀가루, 꿀, 설탕, 감자, 양파, 녹차, 두유, 커피 등등 주방에서 흔하게 접할 수 있는 재료들로 자신의 피부 상태에 맞는 맞춤 천연팩을 만들어보세요. 틀에 박힌 똑같은 팩들 보다 훨씬 더 자신의 피부에 잘 맞다는 걸 실감하실 수 있을 겁니다. 오늘보다 더 예쁜 내일의 나를 위해 이 책에서는 평소 흔하게 접할 수 있는 식재료 위주로 피부 타입에 따라 만들 수 있는 간단한 천연팩들을 소개합니다. 조금의 수고를 더해 날로 예뻐지는 나를 만나보세요.

김소진

오늘
여러분의 식사,
만족스러우신가요?

오늘 여러분의 식사는 어떠셨나요? 습관은 하루아침에 만들어지지 않습니다. 식사 습관을 바꾸는 데도 최소 100일의 시간이 걸린다고 합니다. 건강하고 싶고, 동안이 되고 싶고, 날씬해지고 싶다면, 그 해답은 채소와 과일에 있습니다. 지금 바로 시작하세요.

건강을 유지하고 예뻐지기 위해 우리는 무엇을 먹어야 할까요?

우리는 매일 다양한 먹거리를 접합니다. 궁핍하던 과거에는 살기 위한 에너지원으로 활용하기 위해 음식을 먹었다면, 지금은 어떤 목적을 가지고 음식을 먹는 경우가 많습니다. 예를 들면, 다이어트를 위한 저칼로리 음식, 디톡스를 위한 음식, 질병을 예방하기 위한 음식 등 건강을 유지하거나 예뻐지기 위해 특정한 음식을 찾는 것이지요. 그렇다면 이런 목적을 가진 음식들에 공통적으로 들어가는 재료가 무엇일까요? 바로 채소와 과일입니다.

과거에는 고기가 귀하고 비싸서 먹기 어려웠기 때문에 단백질이나 칼로리 부족으로 인한 문제가 많았지만, 지금은 칼로리 과잉에 의한 문제와 채소와 과일을 챙겨 먹지 않아 생기는 식이섬유소 부족에 의한 문제가 많아졌기 때문인데요. 이로 인해 불과 몇 년 전만 해도 음료로 커피를 마시던 사람들이 최근에는 자신만의 텀블러에 건강 주스를 채워 다니고, 식당에서 점심식사를 하는 대신 카페에 앉아 샐러드를 챙겨 먹는 모습을 흔히 볼 수 있습니다.

건강을 생각하면 바람직한 모습이지만 밖에서 사 먹는 이런 음식들이 밥 한 끼보다 비싼 가격을 자랑하다 보니 건강 관리를 하려면 돈이 많아야 하는구나 하는 생각에 자괴감에 빠지거나 포기하는 사람들이 간혹 보입니다. 그런데 꼭 이렇게 돈을 들여야 건강해질 수 있는 걸까요?

1일 1샐러드 1주스 1천연팩, 충분히 건강하고 예뻐질 수 있습니다.

유럽이나 미국에서는 건강을 위해 매일 5가지 색 과일과 채소를 챙겨 먹으라는 캠페인을 오래전부터 펼치고 있습니다. 우리나라에서도 이와 비슷한 국민 건강 증진 캠페인을 진행 중입니다. 채소와 과일 등에 들어 있는 식이섬유소와 비타민, 무기질, 그리고 항산화영양소 섭취가 건강의 비결로 부각되고 있습니다. 한국인 영양 섭취 기준에 따르면 하루에 채소와 과일을 350~500g 섭취하도록 권장하고 있습니다. 그런데 국민건강영양조사 결과, 우리나라 사람들은 권장량의 반 정도 되는 채소와 과일을 섭취하고 있다고 합니다. 현대인의 성인병 원인으로 식물 영양소의 부족이 꼽히는 것을 감안하면, 과일이나 채소를 꼭 챙겨 먹어야 한다는 결론에 이릅니다.

하지만 우리가 평상시에 하는 식사로는 이만한 양의 채소와 과일을 챙겨 먹기가 쉽지 않기에, 샐러드를 곁들인 식사나 채소와 과일의 영양을 고스란히 담은 주스, 스무디로 하루 필요량을 채워주어야 합니다. 최근 다른 음식을 섭취하지 않고 주스나 스무디만 섭취하는 디톡스 다이어트를 하는 사람들이 많은데, 이렇게 하루 종일 액체인 주스만 섭취하면 포만중추를 자극하는 저작 작용이 없기 때문에 포만감을 느끼지 못해 쉽게 배고파지고, 채소와 과일 이외의 다른 식품에 포함된 영양소를 섭취할 수 없어 장기적으로 볼 때 부작용이 나타나게 마련입니다.

적절한 양의 식사에 주스와 샐러드를 곁들이는 것이 건강을 위한 최적의 방법입니다. 하지만 이 방법이 생각보다 쉽지 않은 것이 사실입니다. 하루하루 천천히 채소와 과일에 익숙해지는 과정을 통해 내 몸을 바꾸는 습관을 만들어보세요. 하루에 한 번이라도 샐러드를 먹거나 주스를 마시면서 채소와 과일을 가까이 해보세요. 또한 샐러드와 주스를 만들고 남은 재료를 사용해 천연팩까지 해보세요. 과일과 채소를 먹고 마시고 바르는 습관으로 건강은 물론 생기 도는 피부까지 얻을 수 있을 겁니다.

비타민, 무기질, 항산화영양소를 통한 디톡스를 원하는 분

식이섬유소는 장 운동을 촉진시켜 배변 양을 늘리고 지방이나 당분의 흡수를 낮추는 데 도움을 줍니다. 하지만, 미량영양소의 흡수와 소화를 방해하기 때문에 순수하게 디톡스하고 싶은 분이라면 주스를 드시는 것을 추천합니다.

건강한 다이어트를 원하는 분

채소와 과일로 만든 주스는 식이섬유소를 제거하기 때문에 흡수율이 높아져 당분 흡수가 증가하고, 음식물을 씹는 저작 작용을 통한 포만감을 느낄 수 없어서 쉽게 배고파집니다. 식후 20분부터 포만중추가 자극받기 때문에 되도록 천천히 하는 식사가 다이어트에 유리하다는 것은 다들 아시지요? 이런 이유로 다이어트를 하는 분들에게는 채소를 그대로 섭취할 수 있는 샐러드를 추천합니다

생기 돋는 피부를 원하시는 분

생각보다 간편한 홈케어가 바로 천연팩입니다. 신선한 재료로 간편하게 자신의 피부 타입에 맞춰 만들 수 있는 셀프 홈케어 천연팩을 해보세요. 시판되는 팩의 방부제나 화학 성분 등 첨가물이 늘 걱정스러웠던 분들께 추천합니다.

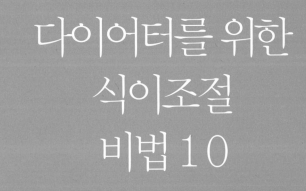

다이어터를 위한
식이조절
비법 10

다이어트의 성공과 실패는 한 끗 차이! 아무것도 모르고 무턱대고 시작하는 다이어트는 실패하기 마련입니다. 다이어트에 좋다는 음식도 먹어보고, 약도 먹어보고, 심지어 굶기도 했는데 왜 난 살이 빠지지 않는 걸까? 난 왜 원하는 체중에 도달하지 못하는 걸까? 살을 뺄 때는 그렇게 어려웠는데, 찌는 건 왜 이렇게 쉬울까? 이런 고민을 하고 계신가요? 성공하는 다이어트가 궁금하다면 여기 소개하는 10가지 원칙에 집중하세요.

1

칼로리보다
포만감에 집중하라

배고프다. 배부르다. 우리는 하루에도 몇 번씩 이런 말을 내뱉습니다. 연인과 헤어지거나 회사를 관두는 등 스트레스
가 심한 상황에서 식음을 전폐하더라도 사흘만 지나면 배고픔을 느끼게 마련입니다. 누군가에게는 하루가 될 수도 있
지요. 이건 사람이니까 너무나도 당연한 거예요. 다이어트하는 분들에게서 배고프다는 생각이 들면 죄 지은 기분이
들거나 우울하다는 이야기를 자주 듣습니다. 배고프면 먹으면 되고, 배부르기 전에 숟가락을 내려놓으면 되는데 왜
이렇게 말처럼 쉽지 않은 걸까요.

사람들은 많이 먹으면 뚱뚱해지고, 적게 먹으면 날씬해진다고 생각해서 섭취열량을 줄이거나 운동을 통해 열량을 많이 소모하면 체중을 감량할 수 있다고 생각합니다. 이 때문에 안 먹고 운동하는 것이 다이어트의 정석이라 생각하며 고통스러워도 다이어트 목적을 되새기고 의지를 다지며 살을 빼려고 노력하지요. 하지만 이런 다이어트는 힘든 만큼 포기하기도 쉽고, 효과를 보지 못하는 경우가 많습니다.

그런데 최근 들어 칼로리를 조절하기에 앞서 포만감을 생각하는, 소위 '배부른 다이어트'가 대세로 떠오르고 있습니다. 배부르다는 것은 단순히 식사량의 많고 적음의 문제가 아니라 뇌, 위, 장 등 소화관에서 분비되는 포만감조절호르몬, 즉 식욕호르몬들의 상호작용에 의해 조절되는 느낌입니다. 음식의 소화 흡수 작용은 위장에서 이루어지지만, 배고픔과 포만감의 조절은 소화기관과 뇌에서 끊임없이 이루어집니다. 위가 비어 있으면 위에서 분비된 그렐린(ghrelin)이라는 호르몬이 뇌에서 배고픔을 느끼게 하는 물질을 분비하도록 자극하고, 우리가 먹은 음식물이 위부터 소장까지 소화기관들을 지나가면 콜레시스토키닌(cholecystokinin), 펩티드 YY(PYY), GLP-1 같은 각종 식욕억제호르몬들이 분비돼 뇌에 더 이상 음식을 섭취할 필요가 없다는 신호를 보냅니다.

음식물이 소화관을 자극하는 것에 의해서만 식욕억제호르몬이 분비되는 것은 아닙니다. 음식물의 종류와 식욕억제호르몬 분비 인자를 가지고 있는지에 의해서도 영향을 받습니다.

대표적인 식욕 억제 유발물질은 단백질입니다. 특히 고단백질 식사는 고탄수화물, 고지방 식사보다 배고픔을 덜 느끼게 한다는 연구결과도 발표된 바 있습니다. 이 외에도 식이섬유소가 풍부한 과일이나 채소를 먹으면 쉽게 포만감을 느낄 수 있습니다. 견과류 등 불포화지방산이 많이 들어 있는 식품도 포만감을 느끼는 데 도움을 주는 것으로 알려져 있습니다. 이와 반대로 고탄수화물 식품은 포만감을 느끼게 하는 정도가 훨씬 딜합니다. 특히 액상과당으로 만들어진 탄산음료 등 단당류로 구성된 가공식품들은 식욕억제호르몬 유발인자가 거의 없어서 많이 먹어도 포만감을 느낄 수 없습니다.

우리 몸의 건강한 지방세포는 아디포넥틴(adiponectin), 렙틴(leptin) 같은 식욕억제호르몬을 분비해 식욕을 덜 느끼게 합니다. 또한 근육 조직이 늘어나면 기초대사량이 증가해 식욕이 촉진됩니다. 뇌는 이 모든 과정을 조절하고 여러 가지 호르몬이 작용하는 시스템을 통해 우리 몸의 에너지 대사가 일정하게 유지되도록 조절하는 일을 담당합니다. 다이어트를 할 때 뇌와 소화기관에서 분비되는 호르몬은 체중을 조절할 뿐만 아니라 체세포의 성장과 노화 속도도 조절하는 것으로 알려져 있어 건강하고 아름다운 삶을 위해서는 칼로리보다 포만감을 조절하는 건강한 식습관을 갖는 게 무엇보다 중요합니다.

2

'배고픔지수'를 활용해
식사량을 조절하라

무언가를 먹을 때, 얼마나 생각하고 드시나요? 눈앞에 있으니까, 남기면 아까우니까 아무 생각 없이 먹고 있지는 않나요? 위장에 부담을 주지 않고 활발한 두뇌 활동에 도움을 주는 바람직한 식사는 포만감을 70~80% 정도 느끼는 수준이라고 합니다. 식사량을 조절하고 싶다면 미국 MIT메디컬이 제시한 '배고픔지수'를 이용해보세요.

미국 MIT메디컬이 제시한 배고픔지수는 1~10단계로 나뉘는데, 1단계가 가장 배고픈 정도이고, 10단계가 가장 배부른 정도입니다. 배고픔지수가 1~2단계일 때는 배고픔보다는 다른 신체적인 증상이 더 크게 느껴집니다. 1단계일 때는 어지럽고 머리가 지끈거리며 일에 집중할 수 없고, 2단계일 때는 사소한 일에 짜증이 나고 말투가 신경질적이 되며 속이 메스꺼워집니다.

MIT메디컬에 따르면, 대부분의 사람이 즐겁게 식사할 수 있고 속이 편하다고 느끼는 지수는 3~6단계입니다. 이 단계에서 우리 몸은 위장 운동과 소화호르몬, 소화효소 분비가 활발해서 소화에 가장 이상적인 상태가 됩니다. 그 이상인 7단계부터는 바람직하지 않은 상태가 됩니다. 7단계가 되면 배가 완전히 불러서 더 이상 못 먹을 것 같은 느낌이 들고, 8단계가 되면 배가 찢어질 것처럼 아프기까지 합니다.

이처럼 1~10단계를 기준으로 자신의 상태를 잘 살펴본 뒤, 식사할 때 배고픔지수를 활용하면 식사량을 조절할 수 있습니다. 예를 들어, 배고픔지수 2단계 이하라면 우선 과일 몇 조각이나 견과류, 물 등을 조금 섭취한 뒤 몸 상태를 체크합니다. 10분 정도 지나서 3단계가 되면 본격적인 식사를 시작합니다. 이렇게 하면 과식을 예방하는 데 큰 효과가 있습니다.

식사를 하다가 어느 정도 배가 차면 잠시 숟가락을 내려놓고 자신의 상태를 체크해본 뒤, 7단계 이상이라면 과감하게 식사를 끝냅니다. 다만 음식물을 섭취한 후 포만감을 느끼기까지는 20분 이상 시간이 필요하니 식사는 천천히 30분에서 1시간에 걸쳐 합니다. 간식을 먹을 때도 마찬가지로, 집중해서 자신의 상태를 살펴 3단계 이하라면 간단히 견과류 등을 먹고 4단계 이상이라면 무엇도 먹지 않는 편이 좋습니다.

배고픔지수를 활용해 식사량을 조절하다 보면 내가 어느 정도 먹고 있는지, 자주 먹거나 과식하고 있지 않은지 알 수 있습니다. 이를 바탕으로 배가 부르다는 느낌이 들기 전에 식사를 끝내야 과식을 막고 소화불량, 위식도역류 질환 등을 예방할 수 있습니다.

MIT메디컬의 '배고픔지수'

단계	상태	배고픔지수
1	어지럽고 머리가 지끈지끈하며 일에 집중할 수 없다.	😠
2	사소한 일에 짜증이 나고 말투가 신경질적이 되며 속이 메스껍다.	
3	배가 텅 빈 것처럼 느껴져 뭔가 먹고 싶다.	🙂
4	먹고 싶은 음식이 떠오른다.	
5	배고프지도, 배부르지도 않다.	
6	기분 좋은 포만감이 느껴진다.	
7	몸은 먹지 말라는 사인을 보내는데, 음식이 계속 당긴다.	😣
8	배가 찢어질 것처럼 아프다.	
9	몸이 무겁고, 함께 있는 사람들과 얘기하기도 피곤하다.	
10	몸을 일으키기 싫고, 음식을 보기만 해도 구역질이 난다.	

③

굶더라도 제대로 굶자

다이어트, 여러분은 어떻게 시작하시나요? 상담을 하다 보면 안 먹는 것부터 시작한다는 분들을 쉽게 볼 수 있습니다. '다이어트 = 단식' 이라고 생각하는 것이지요. 그런데 무조건 굶는 것은 득보다 실이 많다는 사실, 알고 계시나요? 칼로리 과잉 상태로 살아가는 현대인들에게 때로는 굶는 것이 필요할 수도 있지만, 아무 음식도 먹지 않는 단식은 한 번 굶고 두 번 살찌는 상황을 만들어낼 수 있습니다.

우리 몸은 24시간 에너지를 필요로 합니다. 내가 잠들어 있어도 심장이 뛰어야 하고, 체온이 유지되어야 하며, 숨을 쉬어야 합니다. 특히 뇌는 포도당만 에너지원으로 사용하는데, 하루에 100g 정도의 포도당을 필요로 합니다. 하지만 혈액에 있는 포도당의 양은 12g 정도밖에 되지 않기 때문에 간에 비축해 둔 포도당의 저장 형태인 글리코겐(glycogen)을 분해해 에너지원으로 이용합니다.

이 모두를 합쳐봤자 24시간 이내 고갈되기 때문에 글리코겐이 완전히 없어지기 전에 우리 몸은 위기 상황을 위한 준비 단계에 돌입합니다. 아침을 먹지 않는다고 가정할 때 저녁식사를 한 후 14시간 정도 지나면 지방 조직에서 분해되어 나오는 글리세롤(glycerol)이나 근육의 단백질이 분해되어 나오는 아미노산(amino acid)들이 포도당으로 전환되어 사용되기 시작합니다. 단식하면 근육이 분해된다는 말은 바로 이런 과정을 말하는 것입니다.

단식 상태가 24시간 정도 계속되면 근육의 단백질보다 지방을 더 많이 쓰게 됩니다. 단식이 계속되어서 탄수화물이 공급되지 않으면 더 이상의 단백질 손실을 막고 비상식량인 체지방을 아끼기 위해 갑상선호르몬 분비가 줄어들면서 신진대사율이 크게 떨어집니다. 이 과정에서 지방 분해산물인 글리세롤이나 아미노산을 포도당으로 바꿔 공급하다가 그 양이 부족해지면 케톤체(ketone body)라고 하는 지방산 분해 물질이 공급되기 시작됩니다. 단식이 길어질수록 케톤체가 증가해 2~3일 정도 지나면 식욕 억제 효과가 나타나 단식을 계속할 수 있게 됩니다.

단식을 하면 지방이 분해되고 식욕 억제 효과가 있는 물질인 케톤체가 나오니 다이어트에 좋은 게 아닐까 하는 생각이 드시나요? 문제는 그 후입니다. 케톤체가 쌓이면 몸의 산성화를 막기 위해 체내 버퍼 시스템이 가동되면서 알칼리성 물질을 끌어오는데, 이는 대부분 뼈에서 용출된 인산염으로, 골다공증의 위험이 높아집니다. 이 과정에서 우리 몸은 체지방을 유지하기 위해 다시 체내 단백질을 에너지원으로 사용합니다. 그 결과, 피부는 탄력을 잃고, 머리카락이 빠지며, 볼륨감이 있어야 할 볼, 가슴, 엉덩이는 빈약해집니다.

이렇듯 무작정 굶는 다이어트는 일시적으로 체지방을 줄여주기는 하지만 장기적으로 보면 지방을 소모시키는 데 비효율적입니다. 가장 큰 문제는 떨어진 신진대사율을 다시 정상화시키려면 더 많은 노력이 필요하다는 겁니다. 다시 음식을 먹기 시작하면 위기 상황을 경험한 신체는 언제 또 발생할지 모를 위기 상황에 대비해 빨리 지방을 축적해 분해하기 어려운 형태로 변형시킵니다. 단식이 반복될수록 이 같은 부작용은 점점 심해져 금세 요요 현상이 나타나는 것입니다. 게다가 근육은 적고 지방은 많은 몸이 되어 다이어트가 점점 더 어려워집니다.

현명하게 굶기

몸에 꼭 필요한 단백질, 채소, 탄수화물, 지방 등을 알맞게 섭취하고, 가공식품이나 정제된 당, 화학물질이 첨가된 음식은 먹지 않는 게 똑똑한 다이어트법입니다.

케톤체란?

간에서 지방산의 산화에 의해 만들어지는 물질입니다. 신체가 기아 상태에 접어들면 체내 지방 이용률이 높아지면서 케톤체가 다량 생성됩니다. 이 경우, 우리 몸의 산성화가 촉진되고 케톤산혈증이 유발돼 구토, 설사 등으로 쇼크가 일어나거나 심한 경우 사망에 이를 수도 있습니다.

4

식이섬유소가
답이다

쉬운 다이어트 방법은 없을까요? 식이섬유소를 많이 섭취해 식사의 포만감을 높이면 됩니다. 포만감은 음식의 부피감을 통해 느껴지는데, 음식의 부피감은 식품 속에 들어 있는 식이섬유소의 양에 크게 영향을 받습니다.

식이섬유소는 사람의 소화효소에 의해 소화되지 않는 셀룰로스(cellulose), 검(gum), 펙틴(pectin), 리그닌(lignin) 등을 말합니다. 식이섬유소는 장에서 소화 흡수되지 않기 때문에 에너지원으로 사용되거나 신체에서 대사조절 작용이 일어나지 않지만, 장에서 물을 흡수해 조금만 먹어도 포만감을 느끼게 합니다. 이런 이유로 식이섬유소를 섭취하는 것은 가

장 쉽고, 가장 효과적인 다이어트 식사법이라 할 수 있습니다.

식이섬유소의 하루 섭취 권장량은 20~25g입니다. 채소, 과일 등으로 따지면 300~500g 정도의 양이라 할 수 있습니다. 함수성이 높은 식이섬유소는 자신의 무게보다 40배나 많은 물을 흡수할 수 있어 변비나 대장암을 예방하는 효과가 있습니다. 다만 물을 충분히 마시지 않으면 변

이 단단해져 배변에 어려움을 겪을 수도 있으므로 식이섬유소를 섭취할 때는 무엇보다 물을 충분히 마시는 것이 중요합니다.

오이, 양배추, 양상추 등 채소류나 버섯류, 해조류, 고구마, 잡곡류 등에는 양질의 식이섬유소가 포함되어 있습니다. 산나물이나 우거지 등에는 질기거나 거친 식이섬유소가 들어 있어서 물을 흡수하지 못하고 소

식이섬유소를 챙겨 먹는 습관을 갖기

식이섬유소를 많이 섭취하면 미량영양소의 흡수를 방해해 좋지 않다는 이야기 때문에 걱정되는 분 계신가요?

이는 하루에 식이섬유소를 60g 이상 섭취할 경우 나타날 수 있는 문제로, 식이섬유소 60g은 케일 600장 정도에 해당되는 양입니다. 생각보다 굉장히 많은 양이지요? 국민건강영양조사에 따르면 우리나라 성인의 하루 평균 식이섬유소 섭취량은 12~14g으로 하루 권장 섭취량 20~25g 의 50% 정도에 불과한 수준입니다. 따라서 권장 섭취량보다 많이 먹을까 걱정하기보다는 평소에 의식적으로 식이섬유소를 챙겨 먹는 습관을 갖는 것이 더 중요합니다. 단, 노인이나 성장기 어린이는 영양소와 비타민, 무기질 흡수가 저해될 수 있으므로 과도하게 섭취하지 않도록 주의 해야 합니다.(1일 권장 총 섭취량 : 1~2세 10g, 3~5세 15g, 6세 이상 20~25g)

화되지 못한 채 대변으로 그대로 배출되어 변비 예방이나 대장암 예방 등의 효과가 없으므로 식이섬유소를 섭취할 때는 그 종류가 무엇인지도 중요합니다.

단, 과일에 많은 펙틴은 부드럽고 콜레스테롤이나 중성지방의 재흡수를 억제하는 효과가 탁월하지만 많은 양을 먹으면 당 섭취량도 함께 높아지므로 다양한 채소와 과일을 적당량 섭취하는 것이 중요합니다.

식이섬유소 하루 권장량(각 식품 기준)

종류	하루 권장량	종류	하루 권장량
말린 미역	4½줌(22g)	쌈 케일	108장(540g)
말린 다시마	5x5cm 9장(46g)	새송이버섯	7개(588g)
구운 김	A4 용지 크기 12장(60g)	고구마	4개(769g)
검은콩	½컵(77g)	바나나	8개(800g)
귀리	⅔공기(85g)	팽이버섯	16개(800g)
들깻가루	7½큰술(114g)	브로콜리	4개(1176g)
양배추	8장(247g)	사과	7개(1428g)
현미	4½공기(526g)		

물,
제대로 마시면
다이어트가 빨라진다

우리 몸의 70%를 차지하는 물. 물을 충분히 마시면 몸속 노폐물이 효과적으로 배출되고 체내 신진대사율이 향상됩니다. 황사나 미세 먼지가 심해지는 최근의 대기오염 상황을 감안할 때, 수분 섭취의 중요성은 더욱 커지고 있습니다. 여러분은 하루에 물을 얼마나 드시나요? 물도 칼로리처럼 사람마다 하루 권장섭취량이 있다는 사실, 알고 계시나요?

성인의 물 하루 권장섭취량은 자신의 체중에 33ml를 곱한 값입니다. 예를 들어, 체중이 70kg인 사람은 2300ml, 즉 2.3l를 마셔야 하는 것이지요.

하루 동안 물을 충분히 마셔 체내 수분량을 적절히 유지하면 세포 저항력을 높일 수 있습니다. 세포 저항력이 높아지면 각종 세균과 바이러스 등의 침입을 막고, 몸속 유해물질과 노폐물의 배출이 원활하게 이루어집니다. 또한 수분은 온몸을 돌면서 신진대사의 핵심 기능을 수행하고 신체의 모든 기능을 촉진합니다.

운동할 때는 운동을 시작하기 20분 전쯤 물 한두 모금을 마시고, 운동을 하면서 틈틈이 물을 섭취하면 물이 신장에 흡수되어 운동 중 더 많은 에너지를 소모하게 만들기 때문에 운동 효과를 향상시킬 수 있습니다. 그렇다고 한꺼번에 너무 많은 물을 마시면 심장과 신장에 부담을 줄 수 있으니 가급적 천천히 조금씩 마시도록 합니다.

물은 칼로리가 전혀 없고 물 자체를 흡수, 배설할 때 몸에서 열량이 소모되기 때문에 다이어트에도 도움이 됩니다. 최근 연구에 따르면 물을 하루 1~3컵 더 마시는 사람이 그렇지 않은 사람에 비해 하루 칼로리 섭취량은 68~205kcal, 나트

륨 섭취량은 78~235g, 당 섭취량은 5~18g, 포화지방 섭취량은 7~21g 적은 것으로 나타났습니다(미국 일리노이대학 운동학 안뤄펑 박사팀 연구).

그렇다면 건강을 위해 하루 중 언제 물을 마시는 것이 가장 효과적일까요? 밤 사이 배출된 수분을 즉각적으로 보충해주는 효과가 있는 아침에 마시는 물 한 잔이 가장 좋습니다. 잠들기 한두 시간 전에 물을 마시는 것도 좋습니다. 잠을 자면 대략 7~8시간 정도 수분 공급이 이루어지지 않기 때문에 잠자는 동안 탈수가 진행돼 혈액의 점도가 높아져 혈전이 생길 수 있습니다. 혈전은 아시다시피 뇌졸중 발병 위험을 높이는 주요 인자입니다. 따라서 잠자기 전 마시는 물 한 잔은 보약이라 해도 과언이 아닙니다.

단, 이때도 물을 지나치게 많이 마시면 수면을 방해하고 위산 분비를 촉진하므로 한 잔 정도만 마시는 게 가장 좋습니다.

커피나 차, 수분 섭취에 도움이 될까요?

물 대신 사람들이 즐겨 마시는 녹차나 커피는 카페인이 함유되어 있어 오히려 수분을 배출시키는 역할을 합니다. 알코올이 들어 있는 술도 이뇨 작용을 하므로 음료나 술을 마실 때는 1.5배 이상의 물을 함께 마시는 것이 좋습니다. 녹차나 홍차, 커피 같은 차는 물과 대체될 수 없다는 사실, 잊지 마세요(단, 미네랄이 풍부한 곡류 차는 카페인이 없어 물 대신 마셔도 좋습니다).

6

물만 마셔도 살찐다고?
체내 나트륨 과다를
의심하자

음식에 소금, MSG를 넣지 않으면 저염식일까요? 흔히 말하는 저염식의 염분은 소금에 들어 있는 나트륨을 뜻합니다. 소금은 염화나트륨(NaCl)을 주성분으로 하는 짠맛의 조미료로, 염화나트륨은 40%의 나트륨과 60%의 염소로 구성된 물질입니다. 저염식이라고 하면 소금을 떠올리는 이유는 바로 소금이 나트륨의 최대 공급원이기 때문입니다. 나트륨은 우리 몸의 수분량을 조절하는 중요한 전해질이지만, 과다 섭취하면 비만, 고혈압, 심장병뿐만 아니라 골다공증이나 신장질환을 유발하는 주요 위험인자입니다.

세계보건기구(WHO)는 나트륨 하루 섭취량을 2000mg(소금 5g) 이하로 할 것을 권장하고 있습니다. 이는 소금 1작은술에 해당하는 양입니다. 그런데 우리나라 사람들의 나트륨 하루 평균 섭취량은 권장량보다 2.5배 정도 많습니다.

평소 짜게 먹는 편이 아니니 괜찮다고요? 단지 소금을 적게 먹는다고 해서 가볍게 생각하고 넘어가선 안 됩니다. 나트륨은 양념류나 조미료를 제외하더라도 우리가 섭취하는 모든 식품에 포함되어 있습니다. 달걀에는 65mg, 쌀밥 한 공기에는 6mg, 우유 한 팩에는 110mg의 나트륨이 들어 있습니다. 채소나 물에도 나트륨이 들어 있습니다.

이런 이유로 조리할 때 추가로 간을 하지 않아도 나트륨 섭취량이 부족할 리 없는데, 우리는 음식에 추가로 간을 하거나 외식, 가공식품 등을 통해 나트륨을 과다 섭취하고 있습니다.

특별한 질병이 없더라도 체내 삼투압 조절기전이 예민한 사람은 나트륨 섭취로 인해 부종이 잘 생길 수 있습니다. 소위 말하는 '물

만 먹어도 살이 찐다'는 일이 실제로 일어날 수도 있는 것이지요. 이런 체질이라면, 나트륨 섭취량을 조절하는 게 매우 중요합니다.

그렇지 않은 경우라도 짠 음식을 먹으면 식욕을 자극받아 식사량이 늘어나고, 이로 인해 물을 많이 마시게 되면서 체내에 수분이 과도하게 축적돼 체중이 늘어나게 됩니다.

특히 외식을 자주 하는 직장인은 나트륨 과다 섭취의 위험에 노출되어 있으므로 메뉴를 선택할 때 국물 요리를 피하고 싱겁게 먹는 습관을 갖도록 노력해야 합니다. 나트륨 배설을 촉진하는 무기질인 칼륨이 풍부한 채소류나 과일, 감자 등을 자주 먹어 체내 나트륨 양을 줄이는 것도 중요합니다.

나트륨 일일 권장 섭취량

소금 5g(소금 1작은술 = 된장 1큰술 = 고추장 1큰술 = 간장 2작은술 = 굴소스 1큰술 = 커리 가루 3큰술)

도량형 환산

1작은술 = 1티스푼 = 1ts = 5g
1큰술 = 1테이블스푼 = 1Ts = 15g

나트륨 섭취를 줄이는 똑똑한 식습관

1. 라면 등 인스턴트 식품 대신 최대한 자연 식품을 섭취한다.
2. 가공식품을 구입할 때는 영양성분표를 확인해 되도록 나트륨 함량이 낮은 것을 고른다.
   짠맛이 나지 않아도 발색제, 보존제, 팽창제 등의 형태로 나트륨이 들어 있으니 주의한다.
3. 국물 섭취량을 최대한 줄인다.
4. 묵은 김치보다 겉절이나 무침으로 먹고 신선한 채소를 최대한 많이 섭취한다.

나트륨 함량이 높은 음식 순위

면류의 나트륨 함량 분포 : 면 25~44%, 국물 56~75%

4000mg
짬뽕(1000g)

1위

3396mg
우동(1000g)

2위

3221mg
간장게장(250g)

3위

4위 — 3152mg ｜ 열무냉면(800g)	10위 — 2722mg ｜ 삼선우동(1000g)	16위 — 2631mg ｜ 감자탕(900g)
5위 — 2875mg ｜ 김치우동(800g)	11위 — 2716mg ｜ 간자장(650g)	17위 — 2628mg ｜ 삼선자장면(700g)
6위 — 2853mg ｜ 소고기육개장(700g)	12위 — 2689mg ｜ 삼선짬뽕(900g)	18위 — 2618mg ｜ 물냉면(800g)
7위 — 2813mg ｜ 짬뽕밥(900g)	13위 — 2664mg ｜ 부대찌개(600g)	19위 — 2576mg ｜ 동태찌개(800g)
8위 — 2800mg ｜ 울면(1000g)	14위 — 2662mg ｜ 굴짬뽕(900g)	20위 — 2519mg ｜ 선짓국(800g)
9위 — 2765mg ｜ 기스면(1000g)	15위 — 2642mg ｜ 알탕(700g)	

나트륨 배출에 좋은 음식

감자

고구마

오이

양파

늙은 호박

오렌지

바나나

두부

상추

대추

토마토

녹황색 채소

단백질 식품을 섭취하자

다이어트할 때 붉은 고기를 멀리하고 닭 가슴살이나 달걀 흰자만 드시는 분, 계신가요? 갑작스럽게 채식에 집중하며 풀만 드시는 분은 요? 대한비만학회는 다이어트를 하려면 단백질 섭취율을 늘리라고 이야기합니다. 왜 그럴까요?

우리가 흔히 알고 있는 '살찌는 고기'는 지방이 많이 붙어 있는 삼겹살이나 갈비, 햄이나 소시지 등 가공육류, 돈가스나 치킨 같은 튀긴 육류입니다. 실제로 신용카드 크기 정도 되는 삼겹살(굽기 전)의 칼로리는 50kcal로, 같은 크기의 갈치 한 조각 칼로리와 같지만, 그 안에 들어 있는 순수한 단백질 양은 2배 이상 차이가 납니다. 쉽게 말해, 삼겹살은 단백질보다 지방 함량이 높고, 갈치는 지방보다 단백질 함량이 더 높지요. 삼겹살은 고지방 단백질에 속합니다. 삼겹살을 먹을 때는 고기가 아니라 지방을 먹는 것이라고 생각하면 됩니다.

예를 하나 더 들어볼까요? 달걀 하나를 먹더라도 삶는 것과 프라이를 해서 먹는 것은 기름이 들어가느냐 들어가지 않느냐는 조리법의 차이로 칼로리가 달라집니다. 따라서 단백질을 섭취할 때는 지방이 적고 필수아미노산(우리 몸에서 합성되지 않아 반드시 식품으로 공급받아야 하는 아미노산)이 풍부한 양질의 단백질을 저염, 저지방, 저당 조리해 섭취하는 것이 바람직합니다.

대한비만학회는 단백질을 하루 섭취열량의 15~20% 정도 섭취하라고 권장하는데, 이는 일반 성인의 단백질 섭취율 7~15%보다 높습니다. 그 이유는 다이어트를 하면 하루 총 섭취열량이 줄어들고, 운동 등으로 인한 근육 단백질 손실이 증가하기 때문에 그에 따라 추가적으로 보충할 필요가 있기 때문입니다. 또한 단백질이 소화 흡수될 때 소모되는 칼로리가 높기 때문에 식사에서 단백질 비율을 높이는 것은 다이어트에 훨씬 효과적이고 다이어트 후 요요 현상을 예방하는 방법입니다.

단백질 식품 추천

· 지방이 적은 육류
 (쇠고기, 돼지고기 안심 등)
· 껍질을 제거한 가금류
 (닭고기, 오리 고기 등)
· 우유 및 유제품
· 콩류나 두부, 두유

8

복합탄수화물
섭취에 신경 쓰자

많은 사람들이 탄수화물을 다이어트의 적으로 꼽습니다. 과도하게 섭취하면 에너지원으로 사용되고 남은 양이 모두 체내에서 지방으로 변환되고, 탄수화물 중독에 걸려 폭식증으로 발전할 수 있다는 것 때문인데, 이는 하나는 알고 둘은 모르는 소리입니다. 인체의 뇌, 적혈구, 신장수질 등은 탄수화물의 하나인 포도당만을 에너지원으로 사용합니다. 또한 탄수화물은 운동 시 주된 에너지원으로 쓰입니다. 탄수화물이 부족하면 단백질 분해가 일어나고, 지방의 완전산화가 어려워져 다이어트 효율이 떨어집니다. 그렇다면 탄수화물을 어떻게 먹어야 할까요?

우리나라 사람들의 탄수화물 하루 섭취율은 68% 정도입니다. 탄수화물은 과량 섭취하면 에너지원으로 사용하고 남은 양이 전부 지방으로 전환되어 내장비만(복부비만)의 원인이 됩니다. 밥이 주식인 한국인의 식습관과 간식이나 디저트 섭취량이 늘어난 데 따른 과도한 당분 섭취로 인해 이 같은 현상은 더욱 심각해지고 있습니다. 제때 먹는 식사를 제외한 디저트나 간식의 섭취만 줄여도 다이어트에 큰 도움이 됩니다.

또한 혈당지수가 낮은 탄수화물을 섭취하는 것이 좋습니다. 혈당지수(Glycemic Index, GI)란 식품에 함유된 탄수화물이 체내에서 얼마나 빠르게 소화 흡수되어 혈당 농도를 높이는지 나타내는 수치입니다. 혈당지수가 낮을수록 천천히 소화 흡수되어 식사 조절 및 다이어트에 도움이 됩니다. 실제로 혈당지수는 탄수화물 조절이 중요한 당뇨 환자의 식사에 중요한 기준으로 사용되기도 합니다. 예를 들면, 백미의 혈당지수는 84, 현미의 혈당지수는 56입니다. 실제로 현미는 백미보다 소화 흡수 속도가 더뎌 혈당 조절에 유리해 다이어트에 도움이 됩니다.

그런데 혈당지수에는 1회 섭취량이 반영되지 않아 수박의 혈당지수가 탄산음료의 혈당지수보다 높게 나타나는 등 단점이 있습니다. 이런 이유에서 혈당지수에 1회 섭취량이 반영된 당부하지수(Glycemic Load, GL)가 실생활에서 사용하기 적합한 기준으로 주목받고 있습니다. 혈당지수는 탄수화물과 혈당에 대한 1차적인 정보를 제공한다면, 당부하지수는 실제 섭취량을 고려해 계산한 것으로 내가 먹은 식품이 혈당에 미치는 영향을 좀 더 현실적으로 파악할 수 있다는 장점이 있습니다.

아직까지는 전체 식품에 대한 당부하지수 수치가 명확하게 나와 있지 않아 좀 더 연구가 이뤄져야 하지만 현재까지 나온 결과를 보면 포도당, 과당, 설탕 등 단순당이나 백미 등은 당부하지수는 물론 혈당지수가 모두 높으므로 섭취에 주의해야 하고, 식이섬유소가 풍부한 채소나 현미 등 도정하지 않은 곡물(현미 등)은 수치가 낮으므로 섭취해도 좋은 식품이라고 할 수 있습니다. 과일도 과량 섭취할 경우 과당 등 단당류 섭취량이 증가할 수 있으므로 귤 한 개, 사과 반 개 정도를 하루 1~2회 정도 섭취하는 것이 바람직합니다. 그런데 혹시 채소나 과일에 많이 들어 있는 식이섬유소가 탄수화물이라는 사실, 알고 계셨나요? 다이어트에 도움을 주는 식이섬유소는 인간의 몸에서 소화되지 않는 탄수화물로, 과도하게 섭취하면 좋지 않은 단순당류인 포도당, 설탕 등과는 다른 탄수화물입니다. 또한 도정되지 않은 현미나 귀리, 퀴노아, 율무 등 통곡물은 복합탄수화물로 무기질, 비타민, 식이섬유소, 단백질 등의 영양소가 들어 있어 단순하게 포도당의 결합으로만 이루어진 백미나 흰빵, 국수보다는 우리 몸의 건강에 도움이 됩니다.

탄수화물, 현명하게 섭취하기

혈당지수나 당부하지수가 낮은 식품을 선택합니다. 빵이나 과자 같은 간식, 백미 밥, 밀가루 음식, 사탕 같은 단당류의 섭취를 줄입니다. 또한 식이섬유소와 복합탄수화물로 이뤄진 식사를 바탕으로 하루 섭취열량의 50~60% 수준으로 탄수화물을 섭취합니다.

9

식습관 유형별 다이어트는 따로 있다

분명히 먹는 것은 똑같은데, 난 왜 다른 사람만큼 안 빠질까? 저 사람보다 적게 먹었는데, 왜 난 안 빠지는 걸까? 다이어트에 성공하고 싶다면 먼저 나의 식습관을 기록해보세요. 불규칙적인 식사 시간, 잦은 외식, 무너진 영양소 밸런스 등 어떻게 먹고 있는지, 언제 먹고 있는지, 제대로 먹고 있는지 찬찬히 살펴보며 내 식습관을 무엇부터 바꾸는 것이 효과적인지 생각해보세요. 식습관에 따른 최적의 다이어트법을 소개합니다.

짧은 시간 동안 다른 사람보다 훨씬 많은 음식을 먹거나 음식을 절제하지 못하는 유형입니다. 배가 고프지 않아도 음식을 먹거나 특정 음식을 줄이지 못해 걱정이 되지만 먹고 싶을 때는 밖에 나가서라도 음식을 사 오며 음식을 빨리 먹으면서 스트레스를 해소합니다. 심지어 음식을 줄이면 우울증과 짜증, 두통 등 금단 증상이 나타나기도 하고 먹는 것에 죄책감을 느끼거나 자기 혐오감과 우울한 기분에 드는 경우도 있습니다.

식사 시간이나 횟수가 불규칙한 유형으로, 이런 사람은 한 번에 몰아 먹는 경향이 있습니다. 식사를 불규칙하게 하면 우리 몸은 음식이 부족할 때를 대비해 남은 열량을 체지방으로 저장해두려고 하기 때문에 체지방률이 상대적으로 높은 마른 비만이 되기 쉽습니다. 마른 비만은 팔, 다리는 가는 반면 복부에 지방이 축적되는 것이 특징입니다. 이런 경우, 겉으로 봐서는 비만 같지 않기 때문에 건강 관리에 소홀해지기 쉽습니다. 게다가 기초대사량이 떨어져 조금만 먹어도 쉽게 살 찌는 체질이 될 수 있습니다.

폭식형

불규칙형

HOW TO

· 하루 세 끼 식사를 거르지 않도록 노력합니다.

· 무엇을 먹는지 식사 일기를 씁니다. 식사 일기를 쓰면 폭식하는 날의 섭취량을 조절할 수 있고, 폭식 후의 감정 변화를 파악하는 데도 도움이 됩니다.

· 평상 시 요가나 명상 등 심신을 안정시키는 운동을 규칙적으로 해서 스트레스 대처 능력을 키우는 것도 좋은 방법입니다.

· 배고픔지수를 생각하며 식사하는 습관을 갖도록 노력합니다.

HOW TO

· 하루 생활 패턴을 파악해 식사 시간과 횟수를 일정하게 유지하도록 노력합니다.

· 식사 횟수가 적다면 배고픈 상태에서 음식을 먹게 되는 경우가 많아 1회 섭취량을 조절하기 어려워져 잉여 칼로리가 축적되어 체중이 쉽게 늘어납니다. 이런 경우, 무엇보다 적당한 식사 횟수를 지키는 것이 중요합니다.

· 바쁜 스케줄 때문에 식사 시간을 지키기 어렵다면 끼니를 거르지 않고도 간편하게 먹을 수 있는 바나나, 선식 등 간편식을 준비해둡니다.

제때 하는 식사보다 빵, 과자, 사탕 등 군것질을 많이 하는 유형입니다. 우리 몸에 필요한 에너지는 탄수화물, 단백질, 지방 3대 영양소를 통해 얻는데, 이 3대 영양소는 비타민, 무기질 같은 미량영양소에 의해 대사됩니다. 하지만 간식 위주로 칼로리를 채우다 보면 미량영양소가 상대적으로 부족하거나 거의 없기 때문에 영양의 균형이 무너져 체내에 필요한 에너지를 정상적으로 만들지 못합니다. 이로 인해 만성피로와 비만, 당뇨 등 만성질환 위험성이 높아집니다.

패스트푸드, 피자, 삼겹살 등 동물성 식품 섭취가 많은 유형입니다. 이런 경우, 우리 몸에 필요한 필수 영양소 섭취량이 상대적으로 부족하여 영양 불균형을 초래하거나 비만을 일으키고 장내 미생물의 변화와 산화 스트레스로 체내 염증 반응이 일어날 수 있습니다. 또한 혈액의 산성화로 근육과 뼈에 나쁜 영향을 미치고 점차 콜레스테롤, 포화지방산 수치가 올라오면서 심혈관 질환의 위험이 높아집니다.

음주를 즐기는 사람은 식사하면서 반주 삼아 술을 마시는 경우가 많습니다. 당연히 알코올과 안주로 인해 초과 열량을 섭취하게 됩니다. 알코올의 열량은 1g당 7kcal 정도입니다. 게다가 술을 마실 때 곁들이는 안주는 대부분 육류나 튀긴 음식 등 고지방 식품으로 열량이 높습니다. 이런 경우, 열량 과잉 섭취로 인해 비만이 될 확률이 높아지며, 몸에 좋지 않은 포화지방산 섭취도 늘어납니다. 또한 알코올의 에너지를 먼저 사용하다 보니 안주의 칼로리는 체내 지방으로 축적됩니다. 이런 이유에서 술은 다이어트의 최대 적이라 할 수 있습니다.

고지방 식사형

간식 과다형

음주 과다형

HOW TO

· 간식 먹는 습관이 있어서 주전부리가 자꾸 생각난다면 칼로리는 낮고 수분이 많으며 씹는 감각으로 인한 포만감을 높여주는 오이, 당근 등 채소 또는 방울토마토 등을 챙겨 먹으며 습관을 고쳐 나가는 것이 좋습니다.

· 우유나 두유를 한 잔 정도 천천히 씹어 먹는 것도 한 방법입니다.

· 호두, 아몬드 등 견과류는 불포화지방산, 단백질, 비타민, 무기질 등이 풍부한 식품으로 하루 25g 정도 섭취를 권장합니다.

HOW TO

· 하루 지방 섭취량을 총열량의 20% 이내로 제한하고, 포화지방산 함량이 높은 육류, 가공식품, 패스트푸드 섭취를 줄입니다.

· 음식을 조리할 때 튀기기보다는 찜, 삶기, 굽기 등의 방법을 사용해 기름 섭취를 줄입니다.

· 조리 시 기름을 사용하더라도 버터, 마가린보다 올리브오일 등을 소량 사용하고, 불포화지방산이 풍부한 견과류 등을 섭취합니다.

HOW TO

· 알코올은 권장량(1일 30g 이하 = 소주 1~2잔, 맥주 1~2잔, 와인 1~2잔 정도) 이내로 섭취합니다.

· 술자리를 갖기 전에는 물을 충분히 마십니다. 수분을 많이 섭취하면 알코올 분해 능력이 좋아지기 때문입니다.

· 안주는 튀김이나 육류 등 기름기가 많은 것보다 과일, 채소 등을 선택합니다.

10

제대로 다이어트하는 사람은
장보기부터 다르다

여러분은 일주일에 몇 번 정도 마트에 가시나요? 저지방, 무설탕, 무합성첨가물, 유기농이라고 써 있으면 당연히 좋은 식품이라 생각하고 돈을 더 주더라도 구매하는 분들, 계신가요?

실제로 영양성분과 원재료를 살펴보면 저지방 드레싱은 맛을 내기 위해 당이 포함된 경우가 많습니다. 게다가 유기농이라고 해서 유기농 재료를 100% 사용하거나, 무설탕이라고 해서 감미료가 들어가지 않는 것은 아닙니다. 현명하게 쇼핑하려면 영양성분과 원재료를 제대로 꼼꼼하게 살펴봐야 합니다. 좋은 재료를 선택하는 것이 진정한 다이어트의 시작입니다.

이를 위해선 영양성분표를 읽을 줄 알아야 합니다. 낯선 용어가 나온다고 미리부터 겁먹을 필요는 없습니다. 영양성분표란 구입한 제품에 어떤 영양소가 얼마나 들어 있는지 표시된 것으로, 식품 포장지에 '영양성분' 또는 '영양정보'라고 적혀 있습니다. 똑똑하고 현명하게 영양성분 보는 법, 알아볼까요?

영양성분표 보는 법

❶ 1회 제공량과 총제공량

총제공량은 제품 전체의 중량을 말하고, 1회 제공량은 보통 한 번에 섭취하기에 적당한 양을 이야기하는데, 대부분의 영양소 함량은 1회 제공량을 기준으로 작성됩니다. 즉, 한 봉지의 총제공량이 160g이고, 1회 제공량이 80g인 과자를 모두 먹는다면 표시된 영양성분의 2배를 섭취했다고 생각하면 됩니다.

❷ 영양소 기준치

영양소 기준치는 성인이 하루에 섭취해야 할 영양소들의 권장량을 이야기하는 것으로, 하루 섭취량을 100%라고 봤을 때 비교한 양입니다.

❸ 열량

칼로리(kcal)를 이야기하는 것으로, 가공식품의 경우 열량이 높을수록 지방이나 당 함량이 높습니다.

❹ 탄수화물

전분, 식이섬유소, 당류가 모두 포함된 총량으로, 비슷한 제품들을 두고 비교했을 때 추가 표기된 식이섬유소 함량이 높고 당류 함량이 낮은 것을 선택합니다. 당류는 단당류인 포도당, 과당 등과 이당류인 설탕 등의 함량을 합한 값인데, 음식이나 음료의 맛을 내기 위해 식품에 첨가하는 경우가 많습니다. 이때 원재료의 함량도 함께 살펴보는 것이 바람직합니다. 특히 설탕(정백당), 액상과당, 콘시럽 등이 들어간 제품은 그 함량에 주의해 구매합니다.

❺ 단백질

단백질은 크게 주의할 사항이 없습니다. 일반적으로 함량이 높은 것을 선택합니다.

❻ 지방, 포화지방, 트랜스지방

지방 함량이 높으면 칼로리가 높은 식품일 가능성이 큽니다. 그중에서도 포화지방이나 트랜스지방의 함량은 특히 주의해야 합니다. 포화지방은 동물성 지방에 많이 들어 있는 것으로, 과량 섭취 시 체내 콜레스테롤이나 지질 함량을 높여 건강에 좋지 않은 영향을 미칩니다. 또한 트랜스지방은 액체 상태인 식물성 기름에 수소를 첨가해 고체 상태로 만들 때 생겨나는 지방으로 과량 섭취 시 포화지방보다 더 좋지 않은 영향을 미칩니다. 세계보건기구는 트랜스지방을 하루 에너지 섭취량의 1% 미만으로 제한할 것을 권고하고 있습니다.

영양성분		
❶ 1회 제공량 1개(80g) 총 2회 제공량(160g)		
1회 제공량당 함량		❷ %영양소 기준치
❸ 열량	285kcal	
❹ 탄수화물	50g	14%
식이섬유소	-	-
당류	23g	-
❺ 단백질	5g	8%
❻ 지방	9g	18%
포화지방	2.5g	17%
트랜스지방	2g	-
영양소 기준치 : 1일 기준치에 대한 비율		

1일 1샐러드

한 그릇 다이어트 샐러드 35

샐러드는 채소와 과일로만 만들기 때문에 질리기 쉬운 음식이라고 생각
하셨나요? 칼로리가 높아질까 봐 드레싱이나 좋아하는 단백질 음식을
넣기 꺼려지셨나요? 가뜩이나 바쁜데 조리법이 번거로워 다이어트 식단
을 실천하는 것을 망설이고 계셨나요?

이런 분들에게 추천하는 '한 그릇 다이어트 샐러드' 레시피입니다. 쉽게
구할 수 있는 재료로 쉽게 만들 수 있지만 탄수화물, 단백질, 지방, 식이
섬유소, 비타민, 무기질, 항산화영양소 등 우리 몸에 필요한 영양소를 고
루 갖춘 음식입니다. 물론 칼로리도 낮지요. 매일 하루 한 끼 샐러드 식사
를 하다 보면 다이어트는 물론 건강과 미모까지 세 마리 토끼를 잡을 수
있습니다. 간편하고 영양은 물론 맛도 뛰어난 35가지 샐러드 레시피를
소개합니다.

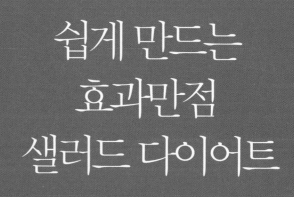

쉽게 만드는
효과만점
샐러드 다이어트

채소가 좋다는 건 모두 알고 계시죠? 하지만 하루 권장량 350~400g 정도의 채소를 챙겨 먹는 게 쉬운 일이 아니라는 건 해보신 분들은 모두 아실 겁니다. 그래서 주스로 챙겨 드신다는 분이 많습니다. 사실 다이어트를 할 때 먹는 채소는 주스처럼 갈아 만든 형태보다 채소 그대로를 먹어야 포만감이 커지고 식이섬유소를 섭취하는 데도 효과적이기 때문에 주스보다 샐러드로 만들어 먹는 것이 좋습니다. 샐러드라고 해서 매번 닭 가슴살에 오이, 양상추를 먹을 필요는 없어요. 몇 가지 원칙만 알면 매일 먹어도 질리지 않는 맛있는 다이어트 샐러드를 즐길 수 있습니다. 아무리 바빠도 다이어트를 포기할 수 없는 욕심 많은 당신을 위한 간편하고 날씬해지는 샐러드 다이어트 레시피를 소개합니다. 1일 1샐러드로 날씬하고 예뻐진 당신의 모습을 만나보세요.

1

한 그릇 다이어트 샐러드
구성 원칙 5

1. 전체 구성의 50%는 채소로 채우자

채소에 한계를 두지 마세요. 양상추, 양배추, 상추, 오이, 양파 등 쉽게 구할 수 있는 채소를 다양하게 활용해보세요. 손바닥 두 개 겹친 크기의 접시에 채소를 손바닥 높이 정도 채운다고 생각하세요. 물론 채소의 양은 많을수록 좋습니다. 하루에 먹어야 하는 채소의 권장 섭취량은 350~400g으로, 한 그릇 샐러드는 200~250g 정도 섭취하는 것을 추천합니다.

2. 단백질 식품을 함께 먹자

다이어트를 위한 한 그릇 샐러드의 핵심은 단백질 식품입니다. 닭 가슴살, 삶은 달걀, 기름기가 적은 고기류, 끓는 물에 살짝 데쳐 기름기와 식품 첨가제를 줄인 참치나 연어 캔, 콩류나 두부 등을 곁들입니다. 우유나 두유(무가당), 그릭요거트(무가당) 등을 더해 단백질을 보충할 수도 있습니다.

다이어트를 하느라 식사 양이 줄어들고 운동량이 늘어나면 단백질 손실이 증가하기 때문에 단백질 식품을 충분히 섭취하는 것이 중요한데, 대부분의 사람이 다이어트를 하는 동안에는 칼로리에 대한 걱정 때문에 단백질 식품을 멀리하는 경우가 많습니다. 현명하게 다이어트를 하고 싶다면 식빵 한 쪽보다 삶은 달걀 한 개가 칼로리는 높지만 단백질 함량이 높고 영양적으로 우수하므로 삶은 달걀을 먹는 것이 더 효과적이라는 사실을 잊지 마세요! 단, 너무 많은 양을 드시면 칼로리가 높아질 수 있으니 조리법에 주의해서 한 번 먹을 때 손바닥 크기 이상이 넘지 않도록 조심합니다.

3. 저지방, 저당 드레싱으로 칼로리를 줄이자

샐러드를 먹을 때 드레싱에 주의하라는 말, 다이어트를 하는 사람이라면 한 번쯤 들어봤을 겁니다. 그래서 시판되는 드레싱을 고를 때 칼로리가 낮은 무지방 드레싱을 선택하는 분들이 많은데요. 그런 드레싱은 맛을 내기 위해 액상과당이나 정백당(설탕) 등을 넣는 경우가 많습니다. 열량 면에서 지방은 1g에 9kcal, 당류(설탕, 과당 등)는 1g당 4kcal여서 지방이 들어 있는 경우 열량이 2배 정도 높습니다.

그런데 드레싱을 선택할 때는 어떤 지방을 사용했나, 어떤 당을 사용했나가 더 중요합니다. 시판되는 드레싱은 영양 성분과 원재료를 함께 살펴 구매해야 합니다. 무지방에 설탕이나 액상과당이 들어간 드레싱보다는 올리브오일이나 올리고당을 활용한 드레싱이 건강한 드레싱입니다.

시판되는 드레싱의 종류가 워낙 다양하다 보니 선택하기가 결코 쉽지 않을 겁니다. 이럴 때는 올리브오일과 발사믹 식초를 선택하세요. 이 2가지 재료만 있으면 다양한 샐러드에 잘 어울리는 건강한 드레싱을 직접 만들수 있습니다.

드레싱 자체가 부담스럽다면 사과나 파인애플, 블루베리 등 과일을 먹기 좋은 크기로 잘라 섞어 먹거나 갈아서 드레싱처럼 뿌리면 과일의 항산화영양소를 함께 섭취하고 채소나 단백질 식품의 소화 섭취를 도울 수 있습니다.

4. 통곡물을 곁들이자

요즘 슈퍼 푸드로 각광받는 통곡물을 샐러드에 곁들여보세요. 통곡물이란 도정하지 않은 곡물로, 채소 위주의 샐러드와 함께 섭취하면 포만감과 영양을 모두 채울 수 있습니다. 현미, 퀴노아, 귀리, 율무 등 통곡물에는 식이섬유소, 단백질, 비타민, 무기질, 항산화영양소 등이 들어 있어서 칼로리를 제한하는 다이어트로 인해 부족해질 수 있는 미량영양소를 섭취할 수 있습니다.

5. 견과류를 활용하자

샐러드에 견과류를 곁들여보셨나요? 채소에 부족한 불포화지방산을 더하고, 포만감을 주고, 샐러드에 풍미를 더해 샐러드만 먹으면 배고플 수도 있는 다이어터들을 위한 최고의 곁들임 식품입니다. 필수아미노산이 풍부한 견과류는 지방이 아닌 단백질군에 속하는데, 포만감을 증진시키고 식욕호르몬을 억제하는 효능을 가지고 있으며, 불포화지방산이 혈액 순환을 도와 동맥경화를 예방해줍니다.

단, 하루 25g 이상(1큰술 정도) 섭취하면 필요 칼로리를 넘어설 수 있으므로 총섭취량에 주의합니다.

● 레시피 비법을 정리하면, 쉽게 구할 수 있는 채소들을 접시에 반 이상 담고, 지방이 적은 단백질 식품, 견과류, 통곡물을 곁들인 뒤 과일이나 발사믹 식초, 올리브오일 등으로 만든 건강한 드레싱을 더해 섭취하면 됩니다.

귀리

식이섬유소를 다량 함유한 귀리는 지방세포의 축적을 막아 체지방 형성을 줄이고, 간에 콜레스테롤이 축적되는 것을 억제합니다. 지질대사를 개선해 비만을 예방하며, 몸속 활성산소를 제거하고, 변비를 예방합니다. 또한 단백질이 풍부하고 칼로리는 낮아 다이어트 시 필수 식품이라고 할 수 있습니다.

퀴노아

다른 곡물과 다르게 나트륨이 거의 없고 글루텐(gluten)도 없어 알레르기 반응을 유발하지 않으며, 양질의 단백질이 함유되어 있어 동물성 단백질 식품인 우유를 대체할 수 있는 완전한 식물성 단백질 식품입니다. 콜레스테롤 수치를 낮추고 두뇌 활동을 활성화시키는 효능이 있습니다.

햄프씨드

장수식품으로 유명한 햄프씨드는 필수아미노산, 불포화지방산 등 다양한 영양소가 풍부하게 함유되어 있으며, 탄수화물 함량이 낮고 단백질이 풍부합니다.

렌틸콩

렌즈 모양처럼 생겨 렌즈콩으로도 불리는 렌틸콩은 25%에 이를 정도로 단백질 함량이 높은 곡물입니다. 또한 티아민(thiamin)과 엽산, 철분, 아연, 섬유소가 풍부한 식품입니다.

아마란스

'신이 내린 곡물'이라는 별칭을 갖고 있는 아마란스는 안데스 고산지대에서 재배되는 곡물로, 강인한 생명력을 가지고 있습니다. 식이섬유소가 풍부한 식품으로 알려진 사과, 바나나, 고구마 등을 아마란스와 같은 무게 단위로 비교했을 때 식이섬유소가 최고 2.8배나 많습니다. 할리우드 스타들의 다이어트 식품으로 유명세를 얻기도 했습니다.

아몬드

호두와 함께 대표적인 견과류 식품으로 오메가3 지방산이 적고, 유해산소를 제거하는 강력한 항산화물질인 비타민 E가 풍부해 성인병을 억제하고 노화를 지연시켜줍니다. 아몬드 껍질에는 항산화물질인 플라보노이드(flavonoid)가 함유되어 있어 껍질째 먹는 것이 좋습니다.

호두

오메가 3 지방산이 풍부해 콜레스테롤 수치를 낮춰 혈관질환 예방 및 개선에 효과적인 식품입니다. 호두에 풍부한 지방산과 비타민 E는 항산화 작용을 도와 피부 건강 및 노화 예방에 효과적입니다.

아마씨드

여성에게 특히 좋은 아마씨드는 성인병 예방, 갱년기 증상 완화, 다이어트에 효과적인 식품입니다. 아마씨드에 함유된 오메가 3지방산은 혈관 속에 있는 콜레스테롤을 몸 밖으로 배출시켜 성인병 예방에 효과적이며 신진대사를 활발히 해 몸이 더 많은 에너지를 소비할 수 있도록 도와줍니다.

캐슈넛

캐슈넛은 구부러진 모양이 독특한 흰색의 견과류로 다른 견과류에 비해 부드러운 식감을 가지고 있습니다. 비타민 K, 판토텐산(pantothenic acid), 리놀레산(linoleic acid) 등이 풍부해 혈중콜레스테롤 수치를 낮춰 성인병에 효과적입니다. 또한 식이섬유소가 풍부해 다이어트에 도움이 됩니다.

브라질너트

브라질너트는 브라질 아마존 열대 우림에서 자라는 브라질너트 나무의 씨앗입니다. 노화, 면역력에 도움이 되는 셀레늄(selenium)이 다량 함유되어 있고 신진대사를 촉진해 체중 감소에 효과적입니다. 또한 식이섬유소가 풍부해 변비 예방에도 좋습니다. 하루에 3~4개 정도만 섭취해야 부작용을 겪지 않을 수 있습니다.

실패하지 않는 샐러드 비법

같은 재료로 만들었는데 레스토랑에서 먹는 그 맛이 왜 안 날까 고민된다면 샐러드 만들기의 몇 가지 중요한 점을 간과했기 때문일 수 있습니다. 중요한 몇 가지 원칙을 알면 간단하지만 전문 요리점 같은 느낌의 샐러드를 만들 수 있답니다.

Secret 1 채소는 깨끗이 씻어 냉장 보관 30분!

차가운 성질의 채소는 차갑게 먹어야 식감이 아삭아삭 훨씬 좋아집니다. 흐르는 물에 씻은 뒤 물에 오래 담가두면 채소가 물을 너무 많이 흡수해 축 처지고 영양분이 빠져나오므로 5분 이내 담갔다가 꺼낸 뒤 물기를 털어 냉장 보관합니다. 채소는 반드시 물기를 제거한 뒤 이용해야 맛이 싱거워지지 않게 즐길 수 있습니다.

Secret 2 드레싱을 가장 먼저 만든다

드레싱은 재료를 섞자마자 먹기보다는 만들어두었다가 먹으면 재료 각각의 맛이 충분히 우러나 더 맛있어집니다. 드레싱을 만들 때 오일이 들어간다면, 다른 재료들을 모두 섞은 뒤, 오일은 맨 마지막에 조금씩 넣어가며 젓습니다. 채소에 뿌리기 직전에 한 번 더 섞어 버무려주면 좋습니다.

Secret 3 견과류는 볶아서 사용한다

견과류는 팬을 달군 뒤 기름기 없이 살짝 볶아 사용하면 고소한 맛이 배가되고 금방 눅눅해지는 것을 막을 수 있습니다.

Secret 4 고기나 해산물에는 허브를 활용한다

고기나 해산물의 맛을 확 살려주는 허브를 활용해보세요. 샐러드에 허브가 들어가면 향이 좋아져 간을 적게 해도 맛이 좋아집니다. 허브 가루는 밑간하듯 미리 뿌려두고, 바질 잎이나 루콜라 같은 싱싱한 허브 채소는 함께 먹습니다.

Secret 5 샐러드 재료는 마지막에 고루 섞는다

드레싱을 미리 재료에 뿌려두면 삼투압 현상으로 인해 물이 흥건해집니다. 드레싱을 뿌리고 손으로 버무리는 게 좋은데, 주무르지 않고 살살 뒤적여 며 단숨에 섞어야 식감이 생생한 샐러드를 만들 수 있습니다. 또한 고기나 해산물 등 뜨거운 재료는 따로 식혀서 담아야 채소가 무르는 것을 방지하고 각 재료 본연의 맛을 즐길 수 있습니다.

샐러드의 모든 것

샐러드의 어원은 라틴어의 살(sal, 소금)로, 서양 사람들이 싱싱한 채소에 소금을 뿌려 먹던 데서 비롯된 것으로 알려져 있습니다. 서양식 무침이라고 생각하면 되는 것이지요. 채소 중 마늘, 파슬리, 셀러리 등 약초로 알려진 것을 재료로 해서 만드는데, 산성 식품인 육류에 알칼리성 식품인 채소를 더함으로써 소화 흡수를 돕고 영양의 균형을 맞춥니다. 최근 들어 샐러드는 신선한 채소에 주재료인 육류나 해산물, 과일 등 주재료를 올리고 드레싱으로 마무리하는 한 끼 건강식으로 각광 받고 있습니다.

샐러드의 기본 요소

주재료(BODY)
샐러드의 종류를 결정하는 것으로 주로 채소의 위에 올리는 육류, 해산물, 과일 등 메인 식품을 이야기합니다.

가니시(GARNISH)
샐러드를 보기 좋게 하고 맛을 증가시키며 영양적으로 완성시키는 역할을 합니다. 시각적으로 아름다워야 하며 식욕을 자극하는 데 도움을 주어야 합니다.

바탕(BASE)
일반적으로 양상추, 루메인 등 잎채소로 구성됩니다. 그릇을 채우고 주재료와 색 대비를 이뤄 시각적으로 입맛을 돋우는 역할을 합니다.

드레싱(DRESSING)
샐러드의 성공을 좌우하는 요소로, 맛을 높이고 소화를 도와주는 등 다양한 역할을 합니다.

샐러드의 종류

채소 샐러드
녹색 잎채소 외에 오이, 고추, 양파, 당근, 셀러리, 버섯 등 다양한 채소를 주재료로 하는 샐러드입니다.

메인 요리 샐러드
저녁 정식 샐러드나 주요리 샐러드라고 불립니다. 굽거나 튀긴 닭, 새우, 오징어 등이나 생선, 육류 스테이크 등을 주재료로 사용합니다. 시저 샐러드, 셰프 샐러드, 콥 샐러드, 그릭 샐러드 등이 있습니다.

그린 샐러드(가든 샐러드)
양상추, 시금치, 루콜라 등 녹색 잎채소를 주로 사용해 만든 샐러드로, 칼로리가 낮아 다이어트에 좋습니다.

바운드 샐러드
마요네즈 같은 짙은 맛을 가진 드레싱을 활용한 샐러드로, 아이스크림을 뜨는 데 사용하는 스쿱으로 떠서 접시에 놓으면 동그란 형태를 유지하는 샐러드입니다. 으깬 감자 샐러드 등을 생각하면 됩니다.

샐러드의 분류

단순 샐러드(salade simple)
주로 삶은 채소류를 소스 비네거로 무친 것으로, 재료는 한 종류로 한정됩니다. 양상추, 셀러리, 토마토, 오이, 아스파라거스, 데친 감자나 콜리플라워 등이 있습니다.

배합 샐러드(salade composse)
채소, 생선, 고기, 알류 등을 각각 조리해 한 곳에 담거나 재료를 배합해서 소스로 무친 것입니다.

마요네즈 샐러드(salade mayonnaise)
닭고기, 새우, 연어 등에 채소 등을 첨가해서 마요네즈 소스로 무친 샐러드입니다.

3

1일 1샐러드
다이어트 식단(2주)

채소 먹는 습관을 만들어주는

1일 1샐러드 다이어트 식단을 소개합니다

채소의 칼로리가 낮다는 건 누구나 알고 있지만 얼마나 낮은지는 쉽게 감이 오지 않을 겁니다. 채소와 육류를 비교해볼까요? 양배추 100g(3~4장 분량)은 30kcal 정도인데, 같은 양의 삼겹살(신용카드 크기 3~4개 정도)은 330kcal로, 무려 10배 이상 차이가 납니다.

채소와 육류는 영양적으로도 크게 차이를 보입니다. 삼겹살에 들어 있는 영양소는 주로 지방과 단백질인데, 그 함량은 단백질 6g, 지방 11g으로 지방이 단백질보다 2배나 많은 양을 차지합니다. 게다가 육류에 포함된 지방은 대부분 몸에 쌓여 살찌게 만드는 좋지 않은 포화지방산으로 구성되어 있어 과량 먹었을 때 칼로리뿐만 아니라 영양 면에서도 좋지 않습니다. 반대로 양배추는 항산화영양소, 비타민, 무기질, 식이섬유소가 풍부해 충분히 먹어도 칼로리 과다의 위험이 없고 영양적인 면에서 문제가 발생하지 않습니다.

따라서 칼로리가 낮고 영양적으로 우수한 채소를 충분히 섭취하는 것이 다이어트의 핵심이라고 할 수 있습니

다. 이를 위한 방법으로 1일 1샐러드 식사를 소개합니다. 아침, 점심, 저녁 중 편한 시간을 골라 샐러드로 식사하는 시간을 만들어보세요. 2주면 몰라보게 달라진 여러분의 모습을 보실 수 있을 거예요.

● 1일 1샐러드 기본 식단은 하루 섭취열량 1000kcal, 아침이 바쁜 직장 여성을 기준으로 만들어보았습니다. 아침은 간편식으로, 점심은 섭취량을 조절한 일상식으로, 저녁은 샐러드 타임으로 정했으니 자신의 스케줄에 맞춰 참고하세요.

● 대한비만학회는 하루 1000kcal 이하의 저칼로리 식단은 요요현상이나 근육 단백질 손실, 기초대사량 저하 등의 문제가 발생할 수 있으므로 장기적으로 권장하지 않습니다. 운동과 함께 적절한 칼로리의 식단을 유지해 기초대사량 저하를 줄이고 추이를 보며 식사 양을 조절합니다.

아침,
식사 거르지 않기

바쁘다고 아침 거르지 마세요. 아침을 거르면 기초대사량이 저하되고 점심 폭식으로 이어질 수 있습니다. 간단하게라도 식사를 하는 게 다이어트에는 도움이 된다는 사실, 잊지 마세요.

● 간편식 구성하기 ●

채소나 과일 한 종류 + 저지방 단백질 식품 한 종류 + 복합탄수화물 식품 한 종류

예) 사과 ½개 + 통곡물 시리얼 ½공기 + 저지방우유 1컵 / 바나나 1개 + 통밀식빵 1쪽 + 그릭요거트 1개 / 방울토마토 10개 + 통밀식빵 1쪽 + 달걀 프라이 1개 / 상추 4장 + 현미밥 ½공기 + 낫토 ½컵

점심,
식사량에 주의하기

혼자서 한 끼 식사를 제대로 차려 먹는 건 쉽지 않지요. 직장인이나 학생이라면 더 어려울 겁니다. 외식이 잦다면 메뉴를 선정하는 게 가장 중요합니다. 메뉴를 선정하는 게 쉽지 않다면 섭취량에 주의합니다. 직장인이라면 회사 구내식당을 이용하면 편합니다.

실제로 체중계로 유명한 일본 기업 다니타는 구내식당에 500kcal 식단을 활용해 기업 구성원 전체의 비만을 개선한 것으로 유명합니다. 우리나라 기업들도 기업 구성원의 복지를 위해 구내식당의 영양 개선에 힘쓰고 있습니다. 밥 ½공기, 고기 반찬 한 그릇, 채소 반찬, 그리고 국(국물 섭취 제한)으로 구성된 한 끼 식사는 350~500kcal 정도 되니 양에 주의해 섭취하세요.

구내식당이 없다면 대개 회사 근처 식당을 이용할 텐데, 먹을 양을 미리 생각하고 섭취합니다. 외식 메뉴는 나트륨 함량이 높은 경우가 많으므로 국물 섭취를 줄이고, 반찬은 접시에 먹을 만큼만 덜어 자신이 섭취한 양을 확인합니다.

저녁,
샐러드 타임!

하루를 마무리하는 저녁식사 시간. 약속한 2주 다이어트 기간 동안에는 저녁 약속을 가급적 피하고, 운동과 샐러드로 온전히 나의 건강을 위한 시간을 만들어보는 게 어떨까요? 저녁 약속은 음주, 과다한 식사, 디저트 등으로 과도한 칼로리를 섭취하는 원인이 되는 경우가 많습니다. 퇴근 후 한 정거장 먼저 내려서 걷기, 계단 오르기 등을 실천해 생활 속 소비 칼로리를 높이고 식사는 한 그릇 샐러드를 이용해보세요. 2주 후 가벼워진 몸 상태를 느끼실 수 있을 거예요.

샐러드 도시락 싸기

잦은 야근으로 집에서 식사할 시간이 없고, 점심식사를 할 만한 장소가 마땅치 않아 도시락으로 식사하고 싶은 분들을 위한 샐러드 도시락 만드는 법을 알려드립니다.

채소는 잎채소 대신 브로콜리, 콜리플라워, 아스파라거스, 당근, 오이 같은 열매채소를 이용하세요

샐러드에 흔히 사용하는 양상추 같은 잎채소는 시간이 지나면 쉽게 시들기 때문에 도시락 재료로는 추천하지 않습니다. 브로콜리나 당근, 양배추 등을 삶아 물기를 빼고 이용해보세요.

호밀빵이나 바게트, 치아바타 등을 활용합니다

채소와 단백질 식품, 복합탄수화물 식품이 한 그릇 샐러드의 기본입니다. 샐러드에 잘 어울리는 통곡물식빵을 함께 먹도록 합니다.

단백질 식품은 완전히 식혀서 이용하고 요거트, 우유, 두유, 연두부 등을 활용하세요

닭 가슴살, 삶은 달걀 등은 충분히 식혀서 이용합니다. 우유나 두유 등은 멸균포장된 것을 구매합니다. 단백질 식품은 여름철 식중독의 원인이 되기 쉬우니 포장에 특히 신경 씁니다.

모든 재료는 따로 담고 보냉백을 이용하세요. 샐러드 재료는 지퍼팩 등에 각각 따로 담는 것이 좋습니다

개인 접시를 준비해두었다가 팩에 담긴 재료들을 고루 섞어 먹습니다. 드레싱도 먹기 직전 뿌리는 것이 좋습니다. 보냉백을 구매해두고 사용하면 편리하지만 가방을 따로 사는 게 부담스럽다면 아이스크림 등을 살 때 넣어주는 은박 보냉봉투 등을 활용해 얼린 아이스팩과 함께 포장해서 신선도와 맛을 유지합니다.

1주차 식단 예시

		MON	TUE	WED	THU	FRI	SAT	SUN
아침 ☀	150~200kcal	• 사과 • 시리얼 • 우유	• 바나나 • 시리얼 • 요거트	• 방울토마토 • 통밀식빵 • 달걀 프라이	• 사과 • 시리얼 • 우유	• 바나나 • 시리얼 • 요거트	• 삶은 달걀 • 오렌지 자몽 셀러리 주스 p.143 • 바게트 두 쪽	• 사과 • 시리얼 • 요거트
점심 ☀	500kcal	• 비빔밥 • 연두부 • 미소된장국	• 기장밥 • 달걀찜 • 무생채 • 소고기뭇국	• 현미밥 • 닭볶음 • 시금치나물 • 홍합미역국	• 수수밥 • 소불고기 • 숙주나물 • 배추된장국	• 현미밥 • 돈육양파구이 • 감자볶음 • 두부애호박찌개	• 현미밥 • 삼치구이 • 콩나물무침 • 시금치된장국	• 현미햄프씨드밥 • 새우채소볶음 • 무피클
저녁 ☾	200~300kcal	• 구운 가지 참치 샐러드 p.078	• 훈제오리 무쌈 샐러드 p.080	• 단호박 렌틸콩 샐러드 p.128	• 파인애플 돼지고기 샐러드 p.120	• 포도 리코타 치즈 샐러드 p.114	• 상추 낫토 샐러드 p.068	• 구운 가지 참치 샐러드 p.078

2주차 식단 예시

		MON	TUE	WED	THU	FRI	SAT	SUN
아침 ☀	150~200kcal	• 브로콜리 키위 스무디 p.148 • 시리얼	• 바나나 • 시리얼 • 우유	• 방울토마토 • 통밀식빵 • 달걀 프라이	• 사과 • 시리얼 • 요거트	• 바나나 • 시리얼 • 요거트	• 양배추 사과 콜리플라워 주스 p.151 • 삶은 달걀 • 비게트 두 쪽	• 사과 • 시리얼 • 요거트 • 견과류
점심 ☀	500kcal	• 현미밥 • 수육 • 보쌈김치 • 아욱된장국	• 검정콩밥 • 오징어숙회 • 무초절임 • 콩나물국	• 현미밥 • 닭볶음 • 시금치나물 • 홍합미역국	• 귀리밥 • 달걀말이 • 미역줄기볶음 • 황태국	• 현미밥 • 고등어구이 • 오이무침 • 어묵뭇국	• 비빔밥 • 달걀 프라이 • 된장국	• 모시조개찜 • 바게트 두 쪽
저녁 ☾	200~300kcal	• 자몽 훈제연어 샐러드 p.122	• 참외 닭 가슴살 샐러드 p.104	• 토마토 카프레제 샐러드 p.110	• 고구마 메추리알 샐러드 p.126	• 파프리카 쇠고기 샐러드 p.070	• 요거트 바나나 샐러드 p.134	• 두부 올리브 샐러드 p.130

한 그릇 샐러드 이것만 알면 끝!

샐러드, 막상 만들어보려니 어렵게 느껴지시나요? 몇 가지 재료의 특성과 궁합만 알면 그 어떤 요리보다 쉽고 건강하고 맛있게 만들어 드실 수 있습니다. 샐러드의 주재료에 속하는 채소, 과일 등은 신선한 것을 구매하는 것이 가장 중요합니다. 한번에 많은 양을 구매하기보다는 일주일 단위로 장을 보는 것이 좋습니다. 일주일 스케줄을 정할 때 샐러드를 만들어 먹을 수 있는 날을 정하고, 그에 따라 비슷한 재료가 들어가는 레시피들을 모아서 계획한 뒤 재료를 구매해보세요. 제철채소와 과일을 이용하면 영양이 풍부한 식재료를 저렴하게 구입할 수 있어 일석이조랍니다.

1

샐러드 주재료

채소류

샐러드 주재료인 채소, 과일, 단백질 식품.
신선하게 유지하기가 어렵다고요? 각 재료의 특징과
구매, 보관법만 안다면 냉장고 관리가 쉬워집니다.

양상추

특징 샐러드에 가장 많이 쓰이는 재료. 95%가 수분으로 이루어져 있어 아삭하고 시원한 맛이 난다.

구매 잎이 밝은 연두색을 띠고 묵직한 느낌을 주는 속이 꽉 찬 것으로 구매한다. 뿌리 쪽이 갈색 빛이 도는 것은 피한다.

보관 랩으로 싸거나 비닐봉지에 넣어 보관한다. 시들어서 떼어놓은 잎으로 남은 양상추의 겉을 감싸면 20일 정도 보관할 수 있다.

상추

특징 아삭한 식감이 일품으로 고기와 곁들여 먹기 좋다. 상추의 '락투카리움(Lactucarium)' 성분은 스트레스 및 불면증 완화에 도움을 준다.

구매 잎이 연하면서 도톰하고, 잘랐을 때 우윳빛 유액이 있는 것이 좋다.

보관 보관 기간이 길지 않으니 구매 후 가능한 한 빨리 섭취한다.

로메인 상추

특징 '로마인의 상추'라는 뜻으로, 로마를 지배한 시저의 이름을 딴 시저 샐러드의 주재료다. 겉잎은 쌉쌀한 편이나 속잎은 쓴맛이 적고 감칠맛이 난다.

구매 잎이 크고 생기 있으며 가장자리가 진녹색인 것이 신선한 것이다.

보관 비닐봉지에 담아 냉장 보관한다.

양배추

특징 아삭한 식감과 단맛이 일품인 양배추는 식이섬유소가 풍부해서 포만감을 주고 변비 예방에 좋다.

구매 모양이 봉긋하고, 윗부분이 뾰족하지 않으며, 겉잎이 짙은 녹색인 것이 좋다.

보관 바깥쪽 잎을 두세 장 떼어 그 잎으로 전체를 감싸 보관하면 마르거나 변색되지 않는다. 칼로 가운데 심지 부분을 도려낸 후 물에 적신 키친타월을 넣어두면 7일 정도 싱싱하게 보관할 수 있다.

청경채

특징 중국 배추의 일종으로 즙이 많고 아삭한 식감을 가지며 향이 강하지 않아 먹기 편한 채소다. 주로 볶거나 데쳐 먹는다.

구매 잎줄기가 엷은 청록색으로 광택이 있고 잎이 시들지 않은 것이 좋다.

보관 가능하면 남기지 않고 한번에 사용하는 것이 좋으나, 남은 경우 씻지 않고 비닐봉지에 넣으면 7일 정도 냉장 보관 가능하다.

비타민

특징 비타민이 많이 들어 있어 '다채'라고도 불린다. 순한 맛으로 어떤 요리에나 잘 어울린다.

구매 잎에 윤기가 돌고 진한 녹색일수록 신선하다.

보관 물에 씻지 않은 상태로 비닐봉지나 랩에 감싸 냉장 보관한다.

루콜라

특징 독특한 향을 가진 향신채소로, 주로 이탈리아에서 샐러드나 피자에 다양하게 사용된다.

구매 줄기가 억세지 않으며 잎이 싱싱한 것을 고른다.

보관 수분이 마르지 않도록 비닐봉지에 밀봉해 냉장 보관한다.

적근대

특징 국거리로 이용되는 근대와 달리 샐러드용으로 사용된다. 체내에 지방이 저장되는 것을 막아준다.

구매 잎이 넓고 줄기가 붉고 신선한 것을 고른다.

보관 물에 씻지 않고 종이에 싸서 비닐봉지에 밀봉한 뒤 냉장 보관한다.

겨자잎

특징 겨자 열매가 열리기 전에 나는 잎으로 푸른색은 청겨자, 붉은색은 적겨자라고 한다. 톡 쏘는 듯한 매운맛과 향기가 특징으로, 고기나 생선 요리에 잘 어울린다.

구매 시들지 않고 잎이 윤기 나는 짙은 색인 것이 좋다.

보관 물에 씻지 않고 종이에 싸서 비닐봉지에 밀봉한 뒤 냉장 보관한다.

어린잎 채소

특징 채소의 싹으로, 발아한 지 4~5일 정도 된 것은 '새싹채소' 또는 '베이비 채소'라 하고 15일 정도 되어 본잎이 나온 것은 '어린잎 채소'라고 한다. 다 자란 채소에 비해 비타민과 미네랄이 월등히 많지만 약간 아린 맛을 가지고 있다.

구매 시든 것 없이 싱싱하고 여린 것으로 고른다.

보관 물기 없이 랩이나 비닐봉지에 밀봉해 냉장 보관한다.

시금치

특징 비타민 A, 비타민 C, 칼슘, 철분 등이 풍부한 알칼리성 식품이다.

구매 짙은 초록색을 띠고 짤막하면서 뿌리 부분이 붉은 것이 달다. 잎이 넓고 줄기가 긴 것은 주로 국거리용으로 사용한다.

보관 신문지에 싸서 냉장 보관한다. 오래 보관할수록 비타민 C가 파괴되므로 가능한 한 빨리 먹는 것이 좋다.

치커리

특징 쌉싸래한 맛으로 입맛을 돋워주는 치커리는 쌈이나 샐러드에 많이 사용된다. 특유의 쓴맛을 내는 인터빈(intybin) 성분이 소화를 촉진시켜준다.

구매 잎이 시들지 않고 연한 녹색을 띠며, 잎이 넓고 줄기가 긴 것이 좋다.

보관 랩에 싸거나 비닐봉지에 넣어 수분이 빠져나가지 않게 냉장 보관한다.

깻잎

특징 향긋한 향이 특징으로 요리에 향을 더해 맛을 풍부하게 해준다. 주로 생으로 먹거나 절임으로 먹는다.

구매 잎이 짙은 녹색이며 부드럽고 줄기가 마르지 않았으며 크기가 일정한 것이 좋다.

보관 쉽게 마르므로 수분이 증발하지 않도록 비닐봉지에 밀봉하면 3일 정도 냉장 보관 가능하다.

배추 속대 (알배추)

특징 배추 가운데서 올라온 잎인 배추 속대는 단맛이 나고 섬유소가 풍부해 장 운동을 촉진시킨다.

구매 둥글고 속이 꽉 차 무거운 것을 고른다. 잎 가장자리가 연한 노란색을 띠고 매끄럽고 윤기 나는 것이 좋다.

보관 통째로 신문지에 싸서 밑둥을 아래쪽으로 가도록 한 뒤 냉장 보관한다.

부추

특징 향이 독특하고 따뜻한 성질을 가진 부추는 각종 무기질과 비타민이 풍부해서 노화 예방 및 성인병 예방에 좋다.

구매 싱싱하고 줄기가 너무 크거나 두껍지 않은 것을 고른다.

보관 신문지에 싸서 비닐봉지에 넣어 냉장 보관한다.

양파·적양파

특징 알싸한 맛의 양파는 익히면 단맛이 느껴져 요리에 따라 다양하게 사용된다.

구매 껍질이 잘 마르고 광택이 있으며 단단한 것을 고른다.

보관 종이봉투나 망사자루에 넣어 서늘하고 바람이 잘 통하는 곳에 두고 건조한 상태를 유지하면 7일 정도 보관 가능하다.

셀러리

특징 아삭아삭 씹히는 식감이 특징이며, 독특한 향을 가지고 있다. 요리의 향미를 돋우며 비타민 C와 B가 풍부해 피로 해소나 면역력 강화 등에 도움을 준다.

구매 잎이 녹색이고 줄기는 연녹색이며 줄기가 굵고 길며 연한 것, 겉대와 속대의 굵기가 일정한 것이 좋다.

보관 신문지에 잘 싸두면 3일 정도 냉장 보관할 수 있다.

오이

특징 수분이 풍부한 오이는 부종을 예방해 준다. 생으로 먹거나 샐러드, 피클 등에 다양하게 사용된다.

구매 짙은 녹색을 띠고 가시가 있으며 탄력 있고 굵기가 고른 것이 좋다.

보관 가급적 빨리 먹는 것이 좋다. 하나씩 신문지에 싸서 비닐봉지에 담은 뒤 냉장 보관한다.

브로콜리

특징 비타민 C, 베타카로틴(β-carotene, 비타민 A 전단계 물질), 비타민 E 등 항암물질이 다량 들어 있으며 노화 예방에 효과적인 식품이다.

구매 봉오리가 다물어져 있고 중간이 볼록하며 꽃이 피지 않은 것이 좋다.

보관 상온에서는 꽃이 피기 쉬우므로 살짝 삶아 봉지에 넣어 냉동 보관하거나, 씻지 않고 랩으로 감싸 냉장 보관한다.

콜리플라워

특징 꽃양배추라고도 한다. 비타민 C와 식이섬유소가 풍부하고, 떫은 맛이 강해 주로 데쳐서 먹는다.

구매 전체적으로 둥글고 단단하게 뭉쳐 있으며 하얀색을 띤 것이 좋다.

보관 상온에서는 꽃이 피기 쉬우므로 살짝 삶아 봉지에 넣어 냉동 보관하거나, 씻지 않고 랩으로 감싸 냉장 보관한다.

콜라비

특징 양배추와 순무를 교배한 채소로 양배추 특유의 단맛과 순무의 단단함을 모두 가지고 있으며 비타민 C 함유량이 매우 높은 채소다.

구매 크기가 적당하고 흠집이나 상처가 없는 것이 좋다.

보관 비닐봉지에 담으면 5일 정도 냉장 보관할 수 있다.

래디시

특징 독특한 매운맛과 붉은 색을 가진 래디시는 비타민C 성분이 많아 면역력을 높여주며 예쁜 색으로 샐러드의 가니시로 많이 사용된다.

구매 잎이 싱싱하고 연하며 꽃이 피지 않은 것이 좋다.

보관 랩에 싸서 냉장 보관한다.

무

특징 알싸하면서도 단맛을 가진 무는 비타민 C가 풍부하고 소화효소가 들어 있어 단백질과 지방 분해 효과가 있다. 또한 수분 함량이 높고 식이섬유소가 풍부해 훌륭한 다이어트 식품이다.

구매 잔뿌리가 많지 않고 뿌리 쪽이 통통하며 잎 쪽은 초록색인 무가 좋다.

보관 흙이 묻어 있는 상태로 신문지에 싸서 서늘한 곳에 보관한다.

감자

특징 나트륨 배출을 돕는 칼륨이 풍부하다. 밥이나 밀가루 음식 등 전분류와 비교하면 칼로리가 낮아 간식 대용으로 활용하기 좋다.

구매 싹이 나거나 녹색 빛이 도는 것은 피한다. 표면에 흠집이 적으며 매끄럽고 무거우면서 단단한 것이 좋다.

보관 바람이 잘 통하는 곳에 보관한다. 사과와 함께 보관하면 싹이 나는 것을 방지할 수 있다. 껍질을 까서 찬물에 담갔다가 비닐봉지나 랩에 싸면 7일 정도 냉장 보관할 수 있다.

고구마

특징 식이섬유소가 풍부하고 혈당지수가 감자보다 낮다. 포만감을 주어 다이어트 간식용으로 섭취하기 좋지만, 칼로리가 높으니 과잉 섭취하지 않도록 주의한다.

구매 모양이 고르고 흠집이 없으며 표면이 매끈하고 단단한 것이 좋다.

보관 구입 후 신문지에 펼쳐놓고 말린 뒤 서늘하고 어두운 곳에 보관한다. 냉기에 약하므로 냉장 보관은 피한다.

단호박

특징 비타민과 무기질이 풍부하다. 다이어트와 변비 예방에 효과적인 식이섬유소도 풍부하다.

구매 색이 고르게 짙고 단단하며 크기에 비해 무거운 것을 고른다.

보관 직사광선을 피해 서늘한 곳에 보관한다. 오래 보관하려면 씨를 긁어내고 랩으로 싸서 냉동 보관한다.

당근

특징 특유의 향과 주황빛이 특징인 당근에 풍부한 베타카로틴은 항산화 효과가 뛰어나 노화 예방 및 암 예방에 도움을 주며 눈 건강에 좋다.

구매 색이 일정하고 진한 광택을 띠며 단단하고 뿌리 끝이 가늘수록 심이 적고 조직이 연하다.

보관 깨끗이 씻어 물기를 제거한 후 밀봉해 냉장 보관하거나, 흙이 묻은 채로 신문지에 싸서 그늘지고 서늘한 곳에 보관한다.

가지

특징 수분이 많고 부드러운 식감을 가진 가지는 특유의 보랏빛이 특징이다. 이는 항암 효과가 있는 안토시아닌(anthocyanin)의 색이다.

구매 색이 선명하고 윤기가 나며 두께가 일정하고 구부러지지 않고 모양이 똑바른 것이 좋다.

보관 저온에 약하므로 실온에 보관한다. 잘 싸면 5일 정도 냉장 보관할 수 있다.

피망

특징 고추와 성질이 비슷한 피망은 소화력이 떨어진 사람의 식욕을 자극한다. 생으로 먹거나 볶음 요리에 활용하기 좋다.

구매 색이 진하며 윤기가 나고 꼭지가 신선한 것이 좋다.

보관 물기가 있으면 상하기 쉬우므로 물기를 제거하고 랩이나 비닐봉지에 담아 보관한다. 씨를 제거한 뒤 보관하면 좀 더 오래 두고 먹을 수 있다.

고추

특징 다이어트 식품으로 각광받는 고추는 캡사이신(capsaicin) 성분이 위액 분비를 촉진해 단백질 소화를 돕고 신진대사를 활발히 해준다.

구매 껍질이 두껍고 윤기가 나며 반으로 잘랐을 때, 씨가 적은 것이 좋다.

보관 신문지에 싸거나 비닐봉지에 넣어 냉장 보관한다. 오래 보관하려면 씨를 빼고 보관하는 것이 좋다.

버섯류

특징 저렴하지만 영양가 높은 버섯은 식이섬유소가 풍부해 다이어트에 효과적인 식품이다. 샐러드에는 양송이, 느타리, 표고버섯 등 다양한 버섯이 사용된다.

구매 신선하고 상처가 없으며 조직이 단단한 것이 좋다.

보관 마른 행주로 표면을 닦아 기둥을 위로 하여 랩을 씌워 냉장 보관한다.

파프리카

특징 피망의 사촌격인 파프리카는 단맛과 비타민이 풍부한 식품이다.

구매 색이 선명하고 약간 통통하며 모양이 반듯하고, 꼭지 부분이 마르지 않았으며, 변색되지 않은 것이 좋다.

보관 물기가 있으면 상하기 쉬우므로 물기를 없애고 비닐팩에 담아 냉장 보관한다.

올리브

특징 불포화지방산과 비타민 E, 폴리페놀(polyphenol) 등이 풍부해 노화 예방에 좋다.

구매 국내에는 통조림 상태인 것이 많으니 유통기한을 확인한 뒤 구매한다.

보관 통조림을 개봉한 후 다른 용기에 담아 밀봉해 냉장 보관한다.

과일

레몬

특징 새콤한 레몬은 생선이나 육류 요리 및 샐러드 드레싱 등에 다양하게 활용된다. 과량 섭취하면 췌액의 유도를 도와 당 흡수를 빠르게 하므로 섭취량에 주의한다.

구매 말랑말랑하고 향이 좋으며 표면에 광택이 있고 무게감 있는 것이 좋다.

보관 깨끗이 씻어 냉장 보관하거나 즙을 내 소분한 뒤 냉동 보관한다.

자몽

특징 새콤하면서 달지 않고 쌉쌀한 맛을 가진 자몽은 혈당 유지에 관여하는 인슐린 호르몬 분비를 낮춰 비만을 예방해준다. 고혈압 환자는 자몽을 섭취하면 약효가 떨어지므로 섭취 시 주의해야 한다.

구매 동그랗고 묵직한 것을 고른다.

보관 신문지에 싸서 서늘한 곳에 보관한다.

귤

특징 비타민 C가 풍부해 감기를 예방하고, 신진대사를 원활히 하며, 면역력을 높여준다.

구매 껍질이 얇고 단단하며 크기에 비해 무거운 것이 맛있다.

보관 상온 보관하거나 냉장 보관하는데, 겹쳐서 보관하면 상하기 쉬우므로 통풍이 잘되게 보관한다

사과

특징 식이섬유소 함량이 높다. 껍질의 퀘르세틴(quercetin)은 항산화 작용 효과가 있으며, 우르솔산(ursolic acid)은 신진대사를 촉진시켜 성인병 예방 및 다이어트에 도움이 된다.

구매 껍질에 탄력이 있고 꽉 찬 느낌이 나며 손가락을 튕겼을 때 맑은 소리가 나는 것이 좋다.

보관 하나씩 봉지에 넣어 냉장 보관한다.

배

특징 연육 효소가 들어 있어 육류의 소화 흡수를 돕는다. 풍부한 팩틴(pectin) 성분이 혈중 콜레스테롤 수치를 감소시키고 변비를 예방해준다.

구매 껍질이 팽팽하고 묵직하며 상처 없는 것을 고른다.

보관 신문지에 하나씩 싸서 냉장 보관한다.

바나나

특징 칼륨과 식이섬유소가 풍부해 다이어트 식품으로 각광받는다. 포만감이 있어 아침식사 대용식으로 활용된다.

구매 바로 먹을 때는 껍질에 갈색 반점이 하나둘 있는 것을 고르고, 오래 보관하려면 약간 초록빛을 띠는 것을 선택한다.

보관 상온에 보관하고, 오래 보관하려면 껍질을 벗겨 적당한 크기로 잘라 냉동 보관한다.

아보카도

특징 비타민, 무기질이 풍부하며 다른 과일에선 찾아보기 어려운 필수지방산이 있어 건강 식품으로 꼽힌다. 풍부한 칼륨 성분은 나트륨 배출에 도움을 준다.

구매 껍질이 녹색에서 약간 검게 변한 것, 탄력성이 조금 느껴지는 것을 고른다.

보관 상온 보관한다. 오래 보관할 경우 녹색을 띤 것을 사서 상온 보관하다가 검은색이 돌면 먹는다.

파인애플

특징 비타민 B₁이 풍부해 피로 회복 효과가 있다. 단백질 분해 효소 브로멜린(bromelin)이 소화와 연육 작용을 돕는다.

구매 잎이 작고 단단하며 껍질이 1/3 정도 녹색에서 노란색으로 변한 것이 좋다. 잘랐을 때 달콤한 향이 강할수록 당도가 높다.

보관 과즙이 바닥 부분에 모여 있으므로 잎을 아래로 해서 하루 정도 두었다가 먹는다.

참외

특징 아삭한 식감과 달콤한 과즙을 가진 참외는 칼륨이 많이 들어 있어 이뇨 작용을 해서 노폐물 배출 효과가 뛰어나다.

구매 색이 선명하고 꼭지가 싱싱한 것을 고른다.

보관 밀봉해서 냉장 보관한다.

수박

특징 수분이 풍부한 수박은 이뇨 작용을 해서 부종 예방에 효과적이다.

구매 껍질색이 선명하고 검은 선이 뚜렷하며, 튕겼을 때 울리는 소리가 맑은 것이 좋다.

보관 수분과 당분이 많아 세균에 쉽게 오염되므로 밀봉해서 냉장 보관한다.

포도

특징 비타민과 유기산이 풍부해 피로 회복에 효과적이다. 주로 단당류로 구성되어 있으니 과량 섭취에 주의한다.

구매 알이 꽉 차고 당분이 새어나와 굳은 하얀 분이 많을수록 달다. 포도송이는 위쪽이 달고 아래쪽으로 갈수록 신맛이 강하므로 아래쪽을 먹어보고 고른다.

보관 포도 봉지나 신문지에 싸서 실온 또는 냉장 보관한다.

살구

특징 비타민 A가 많아 눈을 건강하게 하고 혈관을 튼튼히 한다. 풍부한 항산화물질은 암 예방에 도움을 준다.

구매 색이 고르고 껍질에 상처가 없는 것이 좋다.

보관 상온 보관하면 물러질 수 있으므로 냉장 보관하는 것이 좋다.

석류

특징 여성 건강의 필수 식품 석류! 천연 에스트로겐(estrogen) 성분이 있어 갱년기 여성에게 특히 좋고 여성의 아름다움을 유지해주는 식품으로 당분이 적어 다이어트에도 좋은 과일이다.

구매 무겁고 붉은색이 선명하며 상처가 적은 것을 고른다.

보관 2주 정도 냉장 보관 가능하다.

딸기

특징 풍부한 비타민 C는 항산화 작용이 뛰어나며, 엘라그산(ellagic acid)은 암세포 억제에 도움을 준다.

구매 꼭지가 마르지 않고 진한 초록색을 띠며, 붉은 빛깔이 꼭지 부분까지 돌고 무르지 않은 것을 고른다.

보관 습도에 약해 밀봉 보관하면 물러진다. 꼭지를 떼지 말고 랩을 씌워 냉장 보관하고 되도록 빨리 섭취한다.

블루베리

특징 안토시아닌(anthocyanin)이 풍부해 항산화 능력이 뛰어난 슈퍼푸드로 눈의 건강과 뇌세포의 노화 예방에 효과적이다.

구매 진한 청색으로 표면이 팽팽하며 균일하게 흰 가루가 묻어 있는 것이 좋다.

보관 밀폐용기에 담아 냉장 보관하거나 깨끗이 씻어 물기를 제거한 뒤 냉동 보관한다.

자두

특징 여름철 대표 과일인 자두는 비타민 C가 풍부하다. 자두 속 펙틴(pectin)은 변비 예방에 효과적이다.

구매 껍질에 윤기가 나고 단단하며 당도가 높은 것을 고른다.

보관 깨끗이 씻어 물기를 없애고 냉장 보관한다.

복숭아

특징 수분과 식이섬유소, 비타민과 무기질이 풍부해 피로 회복에 효과적이다.

구매 알이 크고 고르며 상처 없고 향기가 강한 것을 고른다.

보관 냉장 보관하면 단맛이 떨어진다. 변색되기 쉬우므로 껍질을 제거한 후 레몬즙을 뿌리거나 비타민 C를 녹인 물에 담갔다가 건진다.

단백질 식품

쇠고기

특징 필수아미노산이 풍부하지만 지방이 많은 부위는 몸에 좋지 않은 포화지방산이 많으니 지방이 적은 안심, 사태, 우둔 등을 선택합니다.

구매 육질의 선홍색이 선명하고, 조직이 치밀하고 단단하며, 지방은 희기니 연한 크림색으로 광택이 나는 것이 좋다.

보관 밀봉해 보관한다. 냉장 보관 시 2~3일 이내, 냉동 보관 시 한 달 이내 섭취한다.

돼지고기

특징 맛과 영양이 뛰어나고 소고기보다 저렴하지만 비타민 B_1 함량이 높아 신진대사에 도움이 된다. 지방이 많은 부위는 포화지방산 함량이 높아 건강에 좋지 않다.

구매 소고기보다 옅은 분홍색을 띠며 살코기가 두꺼운 것이 좋다.

보관 냉장 보관하고, 바로 먹지 않을 경우 비닐봉지에 단단히 밀봉해 냉동 보관한다.

닭고기

특징 껍질과 기름을 제거하면 소고기나 돼지고기보다 칼로리가 훨씬 낮다.

구매 목이나 다리를 자른 부분이 붉은 갈색이나 노란색인 것은 피하고, 살빛이 분홍색이고 껍질이 크림색인 것이 신선하다.

보관 고깃결이 부드러워 냉동 보관하면 맛이 떨어진다. 구입 후 냉장 보관했다가 1~2일 안에 먹는다.

오리고기

특징 필수아미노산과 불포화지방산이 풍부해 피로 회복을 돕고 혈관 질환을 예방해준다.

구매 날것은 선홍색에 가깝고 탄력이 있는 것을 고른다. 훈제된 것은 유통기한을 꼭 확인한다.

보관 공기가 닿지 않도록 밀봉한 뒤 냉장 보관하고 1~2일 이내 섭취한다.

달걀

특징 완전식품으로 알려진 달걀. 달걀 흰자는 저지방 고단백질 식품으로 다이어트하는 사람들에게 필수 식품으로 꼽힌다.

구매 껍질이 거칠고 무거운 것이 좋다.

보관 뾰족한 부분을 아래로 하여 냉장 보관한다.

메추리알

특징 필수아미노산이 풍부하고 칼로리가 낮아 다이어트하는 사람이나 성장기 어린이, 건강에 신경 써야 하는 사람들에게 좋은 식품이다.

구매 신선한 것일수록 껍질이 거칠고 무겁다.

보관 반드시 냉장 보관한다.

콩류

특징 단백질 함량이 육류에 뒤지지 않는 콩. 식물성 에스트로겐 성분인 이소플라본(isoflavone)은 항암 효과가 뛰어나고 여성 건강에 좋다.

구매 껍질이 얇고 깨끗한 것을 구매한다.

보관 건조한 곳에 통풍이 잘 되도록 보관한다.

두부

특징 콩으로 만든 두부는 소화흡수율이 높은 식물성 단백질 식품으로 섭취하기 좋고, 올리고당이 많아 장의 움직임을 활성화해 장 건강에 도움을 준다.

구매 유통기한을 확인한 뒤 구매한다.

보관 오래 보관할 경우 물에 담가둔다. 소금을 조금 뿌려 보관하면 신선한 맛을 좀 더 오래 유지할 수 있다.

낫토

특징 청국장과 비슷하지만 당질 함량이 조금 더 높다. 먹기 전 젓가락으로 휘저어 끈적한 끈을 만든 뒤 섭취한다. 비타민 E, 인프라몬, 사포닌(saponin) 등은 활성산소를 제거하는 효소를 생성해 성인병 예방 및 노화 방지에 효과적이다.

구매 유통기한을 확인하고 구매한다.

보관 냉장 또는 냉동 보관한다.

참치 통조림

특징 아미노산, 불포화지방산이 풍부해 뇌세포 기능을 강화시켜 노화를 예방해주며 철분이 많아 여성 건강에 좋다. 먹기 전, 체에 받쳐 뜨거운 물을 부으면 기름이 제거되어 칼로리를 낮출 수 있다.

구매 캔이 부풀지 않은 것을 구매한다.

보관 개봉 후에는 즉시 다 먹는 것이 가장 좋다. 만약 남으면 냉장 보관하고 2~3일 안에 먹는다.

새우

특징 칼슘과 타우린(taurine) 성분이 풍부해 성장 발육에 도움을 주고, 키토산(chitosan) 성분은 혈액 내 콜레스테롤을 낮추는 역할을 한다. 꼬리에 영양분이 많이 들어 있으므로 꼬리까지 섭취한다.

구매 몸이 투명하고 윤기 나며 껍질이 단단한 것이 좋다.

보관 내장을 빼고 소금물에 흔들어 씻은 뒤 냉동 보관한다.

연어

특징 고단백 저칼로리 식품으로 오메가 3 지방산이 풍부해 체내 지방 수치를 낮춰주고, 비타민 A, E 성분이 풍부해 노화 방지에 도움이 된다.

구매 살이 단단하고 탄력 있는 것이 좋다. 훈제연어는 유통기한을 확인한 뒤 구입한다.

보관 생연어는 바로 먹거나 소분해 냉동 보관한다. 훈제연어는 냉동 보관하고, 해동하면 빠른 시간 내 섭취한다.

맛살

특징 녹말과 생선살로 만든 맛살은 첨가물이 다소 들어 있으니 조리 전 찬물에 담갔다가 사용한다.

구매 유통기한을 확인하고 믿을 만한 제조사의 제품을 구매한다.

보관 요리하고 남은 것은 비닐봉지에 넣어 밀봉한 뒤 냉장 보관한다. 가급적 빨리 섭취한다.

치즈

특징 우유 단백질로 만든 치즈에는 지방이 함유되어 있지만 비타민 B₂가 들어 있어 소화 흡수가 잘 된다. 샐러드에는 주로 모차렐라치즈나 리코타치즈가 사용된다.

구매 요리에 맞는 치즈를 구입해 사용한다.

보관 랩에 싸서 냉장 보관한다.

견과류

특징 불포화지방산이 풍부해 심장병을 예방하며 단백질과 비타민, 무기질 함량이 높다. 견과류의 종류에 따라 영양 구성이 조금씩 다르므로 다양한 견과류를 한 줌 정도 섭취한다. 칼로리가 높기 때문에 과량 섭취에 주의한다.

구매 냄새가 나지 않고 마르지 않은 것을 구매한다.

보관 불포화도가 높아 산소와 맞닿으면 쉽게 변질되므로 밀봉 보관한다.

그릭요거트

특징 인공첨가물 없이 전통 방식으로 만든 요거트다. 일반 요거트에 비해 수분이 적어 질감이 단단하고 맛이 진하며 단백질이 1.5배 이상 많고 나트륨과 당 성분은 절반 이하로 낮다.

구매 당이나 기타 첨가물 없이 우유와 유산균으로만 만들어진 제품이 건강에 좋다. 유통기한을 확인한 후 구매한다.

보관 개봉 후에는 되도록 한번에 먹는다.

햄프씨드

특징 단백질 함량이 높아 근육을 생성하는 데 도움을 준다. 식이섬유소 함량이 높아 체내의 나쁜 콜레스테롤을 배출하는 작용을 한다. 체지방 감소에 도움을 주는 아르기닌(arginine) 성분이 들어 있다.

구매 유통기한을 확인하고 밀봉된 것을 구매한다.

보관 밀봉해서 서늘하고 건조한 곳에 보관한다.

2

샐러드 드레싱의 모든 것

샐러드의 맛을 결정하는 것은 샐러드 드레싱이라고 해도
과언이 아닙니다. 다양한 재료의 맛을 최대한
끌어올릴 수 있는 맛있고 건강한
샐러드 드레싱을 소개합니다.

실패 없이
쉽게 만드는
기본 드레싱

샐러드 드레싱, 어렵게 생각하지 마세요. 쉽게 구할 수 있는 재료로도 레스토랑 못지않은 맛을 내는 샐러드 드레싱을 만들 수 있답니다. 언젠가 먹어봤던 그 맛을 내는 기본 드레싱 5가지를 소개해드릴게요.

135kcal

오리엔탈 드레싱

특징 간장과 깨를 활용해 맛이 고소하고 한식 샐러드에 잘 어울린다.

만드는 법 간장 ½큰술, 식초 ½큰술, 올리고당 ½큰술, 아마씨드 ½큰술, 참기름 ½작은술

그릭요거트 드레싱

특징 요거트로 만든 드레싱은 상큼하면서 고소한 풍미를 가지고 있어 과일 샐러드와 잘 어울린다. 특히 그릭요거트를 활용하면 당 섭취는 줄이고 단백질 섭취는 늘릴 수 있다.

만드는 법 저지방그릭요거트 1큰술, 올리고당 2작은술, 하프마요네즈 1큰술, 레몬즙 1작은술

94kcal

올리브오일 드레싱

특징 재료 본연의 맛을 즐길 수 있는 드레싱. 취향에 따라 간장, 레몬즙, 다진 올리브 등을 추가하면 새로운 맛을 즐길 수 있다.

만드는 법 올리브오일 1큰술, 식초 1큰술, 다진 양파 1큰술, 소금 · 후춧가루 약간

135kcal

95kcal

발사믹 드레싱

특징 올리브오일에 발사믹 식초를 넣은 드레싱으로 다양한 샐러드에 어울린다.

만드는 법 올리브오일 1큰술, 발사믹 식초 1큰술, 다진 양파 1작은술

133kcal

마요네즈 드레싱

특징 어릴 때 먹던 일명 '과일 사라다' 맛을 느낄 수 있는 드레싱. 저지방 마요네즈를 선택하면 칼로리를 낮출 수 있다.

만드는 법 하프마요네즈 1큰술, 레몬즙 ½큰술, 올리고당 1큰술, 계핏가루 약간

과일을 이용한 상큼한 드레싱

상큼한 맛을 좋아하는 분들 많으시죠? 키위, 파인애플, 배 등은 고기의 연육 작용을 하는 성분이 들어 있어 소화 흡수를 도와줍니다. 과일을 활용한 드레싱이므로 과일이 들어간 샐러드보다는 육류나 해산물을 이용한 샐러드나 채소 샐러드에 어울립니다.

레몬 발사믹 드레싱

특징 진한 포도 향을 가진 발사믹 식초에 상큼한 레몬을 더한 드레싱으로 입맛을 돋워주고 육류 요리 특유의 향을 집아준다. 닭고기 요리와 특히 잘 어울린다.

만드는 법 발사믹 식초 1큰술, 레몬즙 1큰술, 레몬 제스트 1작은술, 올리브오일 1큰술

132kcal

파인애플 올리브오일 드레싱

특징 소화 작용에 도움을 주는 파인애플을 이용한 드레싱으로 육류나 해산물 요리에 잘 어울린다.

만드는 법 다진 파인애플 ½큰술, 레몬즙 ½큰술, 올리브오일 1큰술, 식초 ½큰술, 다진 양파 ½큰술, 소금 · 후춧가루 약간

174kcal

204kcal

142kcal

90kcal

오렌지 머스터드 드레싱

특징 겨자씨의 매콤함을 가진 머스터드에 오렌지와 꿀을 넣어 달콤함을 더한 드레싱. 오리고기나 아삭한 식감을 가진 채소 샐러드와 잘 어울린다.

만드는 법 오렌지즙 2큰술, 올리브오일 1큰술, 디종머스터드 1작은술, 씨겨자 1작은술, 꿀 1작은술, 레몬즙 ½큰술, 소금 · 후춧가루 약간

레몬 어니언 드레싱

특징 상큼한 레몬 향과 살짝 매운 듯하지만 특유의 달콤함을 지닌 양파의 씹히는 향이 좋은 드레싱. 해산물 특유의 비린내를 잡아줘 연어 등 생선 요리나 해산물 샐러드에 잘 어울린다.

만드는 법 올리브오일 1큰술, 다진 양파 2작은술, 레몬즙 1큰술, 레몬제스트 1작은술

유자청 간장 드레싱

특징 유자청은 차로 마셔도 좋지만, 드레싱에 활용하면 색다른 맛이 난다. 새콤달콤한 맛과 특유의 향을 가진 유자청은 맛이 강하기 때문에 과일보다는 채소 샐러드와 잘 어울린다.

만드는 법 유자청 ½큰술, 간장 ½큰술, 레몬즙 ½큰술, 올리브오일 ½큰술

고소한 풍미가 살아 있는 드레싱

드레싱에 요거트나 우유, 치즈 등을 더하면 고소하고 부드러운, 색다른 맛의 드레싱이 완성됩니다. 깊은 풍미를 주는 드레싱으로 칼로리가 높다는 단점이 있지만 단백질과 지방을 더해 채소나 과일에 부족한 영양소를 얻을 수 있습니다. 요거트, 치즈, 크림 등 시판제품을 이용할 경우 지방과 당 함량이 적은 제품을 선택하고 섭취량에 주의하세요. 디핑소스처럼 적당량 찍어 드셔도 좋습니다.

127kcal

호두 요거트 드레싱

특징 요거트에 다진 호두를 넣은 드레싱. 아삭한 채소 샐러드와 특히 잘 어울린다. 달군 팬에 호두를 한 번 볶아 마시막에 살짝 섞어 사용하면 더욱 고소하게 즐길 수 있다.

만드는 법 다진 호두 ½큰술, 그릭요거트 1큰술, 레몬즙 1큰술, 식초 1작은술, 올리고당 1작은술, 소금 약간

63kcal

시저 드레싱

특징 이름에서도 알 수 있듯 시저 샐러드에 쓰이는 드레싱으로 고소하면서 상큼한 맛이 특징이다.

만드는 법 하프마요네즈 1큰술, 레몬즙 1작은술, 다진마늘 ½작은술, 케이퍼 ½작은술, 다진 파슬리가루 1작은술, 파르메산치즈가루 1작은술, 소금 · 후춧가루 약간

크림치즈 요거트 드레싱

특징 크림치즈가 들어가서 부드럽고 요거트 특유의 상큼한 맛이 매력적인 드레싱으로 감자나 고구마 같은 전분이 많은 채소를 삶은 샐러드와 특히 잘 어울린다.

만드는 법 그릭요거트 1큰술, 크림치즈 ½큰술, 레몬즙 1큰술, 올리브오일 ½큰술, 올리고당 1작은술

116kcal

130kcal

들깨 마요네즈 드레싱

특징 마요네즈 특유의 고소함에 들깨의 고소함이 더해진 드레싱. 고소한 맛이 입맛을 돋워 모든 재료에 잘 어울린다. 특히 버섯 샐러드와 환상의 궁합을 이룬다.

만드는 법 들깨 간 것 ½큰술, 하프마요네즈 ½큰술, 레몬즙 ½큰술, 저지방우유 1큰술, 소금 · 후춧가루 약간

육류나 해산물 샐러드에 맛을 더해주는 드레싱

과거에는 채소나 과일에 마요네즈나 올리브오일 정도를 곁들이는 샐러드가 주를 이뤘지만, 최근에는 육류나 해산물이 주재료가 되는 샐러드를 많이들 먹고 있습니다. 이번에 소개해드리는 드레싱들은 소스처럼 작용해서 해산물 특유의 비린내나 육류의 누린내를 잡아주고 감칠맛을 더해 샐러드 전체의 맛을 풍부하게 해준답니다.

100kcal

겨자 간장 드레싱

특징 향이 강한 채소와 고기 요리에 잘 어울리는 한국식 드레싱이다.

만드는 법 간장 1큰술, 연겨자 1작은술, 식초 1큰술, 들기름 1작은술, 참깨 1작은술, 올리고당 ½큰술

28kcal

피시소스 간장 드레싱

특징 피시소스를 이용해 이국적인 맛을 느낄 수 있는 드레싱. 청양고추의 매콤함과 피시소스 특유의 감칠맛이 살아 있는 드레싱으로 해산물과 잘 어울린다.

만드는 법 레몬즙 1큰술, 간장 ½큰술, 피시소스 1작은술, 다진 청양고추 1작은술, 다진 고수 ½작은술, 올리고당 1작은술

94kcal

간장 아마씨드 드레싱

특징 고소한 맛이 일품인 드레싱. 슈퍼푸드로 유명한 아마씨드를 갈아서 드레싱에 활용하면 부드러우면서 고소한 맛을 가진 드레싱이 완성된다. 쌉싸래한 맛을 가진 채소와 삶은 달걀에 특히 잘 어울린다.

만드는 법 간장 1큰술, 참기름 1작은술, 아마씨드 간 것 1작은술, 레몬즙 1큰술, 소금·후춧가루 약간

111kcal

타르타르 드레싱

특징 생선 요리에 빠질 수 없는 드레싱. 특유의 상큼함과 부드러움이 재료의 맛을 살려준다.

만드는 법 하프마요네즈 1큰술, 으깬 삶은 달걀 ½개, 다진 피클 1작은술, 다진 양파 ½큰술, 파슬리가루 1작은술, 레몬즙 1작은술, 후춧가루 약간

168kcal

갈릭 머스터드 드레싱

특징 새콤달콤 고소해서 누구나 좋아하는 드레싱. 치킨이나 소시지 등 다소 기름진 재료와 특히 잘 어울린다.

만드는 법 올리브오일 1큰술, 디종머스터드 1작은술, 다진마늘 1작은술, 올리고당 ½큰술, 식초 ½큰술, 소금·후춧가루 약간

다이어트 시 최적의 드레싱

드레싱은 샐러드의 맛을 살려줘 음식에 대한 만족감을 높이고, 채소나 과일에 부족한 필수지방산이나 단백질을 보충해주며 다이어트로 인해 푸석푸석해진 피부에 생기를 줍니다. 다이어트를 염두에 두고 있다면 포화지방산이 많이 들어 있는 마요네즈, 생크림, 머스터드, 당이 첨가된 요거트 등의 재료는 피하는 것이 좋습니다. 상큼한 맛을 가진 재료들과 올리브오일을 활용한 드레싱으로 맛과 영양은 물론 다이어트까지 모두 잡으세요.

135kcal

올리브오일 드레싱

특징 건강식으로 알려진 지중해 식단의 메인 재료인 올리브오일은 항산화물질인 폴리페놀과 불포화지방산인 올레산(elaidic acid)이 풍부하여 혈관 내 지방과 노폐물 배출을 도와준다. 올리브오일 본연의 맛과 영양을 살린 드레싱.

만드는 법 올리브오일 1큰술, 식초 1큰술, 다진 양파 1큰술, 소금·후춧가루 약간

170kcal

자몽 허니 드레싱

특징 지방 흡수를 저해하는 성분을 가진 자몽과 건강한 달콤함을 가진 꿀이 만나 쌉싸래하면서 달콤한 맛을 더한 드레싱.

만드는 법 자몽즙 2큰술, 올리브오일 1큰술, 꿀 1작은술

106kcal

아보카도 드레싱

특징 포화지방산 함량이 높은 마요네즈는 다이어트 시 피해야 할 식품이지만, 불포화지방산이 풍부한 아보카도와 함께하면 걱정 없다. 칼로리는 낮추고 영양은 높인 고소한 드레싱.

만드는 법 으깬 아보카도 2큰술, 씨겨자 ½큰술, 하프마요네즈 ½큰술, 레몬즙 1작은술

132kcal

레몬 발사믹 드레싱

특징 진한 갈색의 발사믹 식초는 맛과 풍미는 물론 장 건강에 좋은 프로바이오틱스(probiotics) 균주를 포함하고 있어 면역력을 향상시키는 것은 물론 다이어트에도 도움이 된다.

만드는 법 발사믹 식초 1큰술, 레몬즙 1큰술, 레몬 제스트 1작은술, 올리브오일 1큰술

151kcal

그릭요거트 드레싱

특징 그릭요거트는 일반 요거트보다 단백질 함량은 2배 높지만 칼로리는 낮아 다이어트에 효과적이다. 부드럽고 담백한 맛을 가진 드레싱이다.

만드는 법 저지방 그릭요거트 1큰술, 올리고당 2작은술, 하프마요네즈 1큰술, 레몬즙 1작은술, 파슬리 가루 약간

풍부한 수분감과 식이섬유소로 포만감이 높은
그리스식 샐러드

282kcal
15min

새콤달콤한 드레싱과 사각사각 채소가 만난 싱그러운 맛

오이는 96% 이상이 수분인 채소로, 칼로리가 낮고(오이 30개 = 밥 한 공기) 포만감이
커서 다이어트에 최적인 식재료입니다. 오이의 풍부한 칼륨은 나트륨 배출을 도와주며,
플라보노이드 성분인 이소쿼르시트린(isoquercitrin)은 이뇨 작용을 도와 부종을 막아
줍니다.

HOW TO MAKE

1 재료를 준비한다.

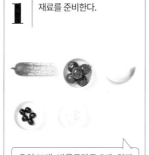

오이 ½개, 방울토마토 5개, 양파 ¼개, 블랙올리브 5개, 모차렐라 치즈 가루 1큰술

2 간장 올리브오일 드레싱을 준비한다.

간장 ½큰술, 올리브오일 1큰술, 식초 ⅓큰술, 다진 마늘 1작은술, 메이플 시럽 ½큰술, 레몬즙 1작은술, 아마씨드 약간

3 양파는 껍질을 제거한 후 깨끗이 씻어 사각 모양으로 썬다.

4 ③을 찬물에 10분 이상 담가 매운맛을 뺀다.

5 오이는 굵은 소금으로 박박 문질러 깨끗이 씻고 물기를 제거한 뒤 1.5cm 두께로 깍둑썰기한다.

6 방울토마토는 씻어서 물기를 제거한 뒤 반으로 자른다.

7 블랙올리브는 반으로 자른다.

8 준비한 재료들을 그릇에 담고 만들어둔 드레싱을 뿌린다.

9 ⑧ 위에 모차렐라치즈 가루를 흩뿌린다.

tip

오이 고르는 법
길이가 20cm 내외로, 곧고 두께가 일정한 것, 가시와 돌기가 오톨도톨 살아 있는 것을 고릅니다. 끝 부분에 꽃이 달려 있으면 수확한 지 오래되지 않아 싱싱한 것입니다(냉장 보관 시 꽃 제거).

02

피부를 맑게 해주고 노폐물 배출에 효과적인

상추 낫토 샐러드

330kcal
10min

낫토 특유의 향을 달콤하고 향기로운 유자청이 감싸주는 샐러드

상추는 다른 엽채류에 비해 무기질과 비타민 함량이 높은데, 특히 철분이 많아 혈액을
맑게 해줍니다. 또한 풍부한 식이섬유소와 수분이 배변 활동에 도움을 줍니다. 또한 낫토
는 유산균과 식이섬유소가 다량 함유되어 있어 여성 질병과 변비를 예방해주고, 다이어
트에도 좋습니다.

1 재료를 준비한다.

상추 4장, 치커리 4줄기,
빨간 파프리카 ½개, 낫토 ¼컵

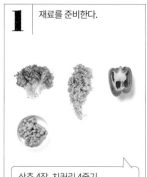

2 유자청 간장 드레싱을
준비한다.

유자청 ½큰술, 간장 ½큰술,
레몬즙 ½큰술, 올리브오일 ½큰
술

3 상추와 치커리를 씻은 뒤
체에 받쳐 물기를 뺀다.

4 ③을 먹기 좋은 크기로 뜯는다.

5 빨간 파프리카는 씻어 물기를 제거한 뒤
너무 잘지 않게 다진다.

6 상추, 치커리, 파프리카를
접시에 담는다.

7 낫토를 보울에 담아 젓가락으로 끈적끈적한
실이 생길 때까지 충분히 휘젓는다.

8 ⑦을 ⑥ 위에 올린다.

9 드레싱을 반만 뿌린다
(기호에 따라 추가하거나 찍어 먹는다).

Tip

청국장과 낫토의 차이점
청국장은 콩의 크기나 색과 상관없이 기호에 맞는 콩을 삶아서 만듭니다. 삶은 콩에 볏짚
을 넣어 자연발효시키는데, 볏짚의 바실러스균뿐만 아니라 공기 중의 바실러스균에도 영
향을 받습니다. 청국장은 만들어지는 지역, 사람, 날씨, 사용한 콩의 종류 등에 따라 맛이
다양해지고 각기 다양한 균이 발생해 면역력을 높이는 데 도움이 됩니다. 낫토는 작은 흰
콩을 사용하며 바실러스균 중에서도 일본 정부가 허가한 낫토균만으로 발효시킵니다. 이
균을 인위적으로 주입해 다른 균이 침입하지 못하도록 포장된 상태에서 발효시키기 때문
에 일정한 맛이 유지됩니다.

상추를 먹으면 왜 졸릴까?
상추를 자른 단면에서 나오는 우윳빛 액체의 쓴맛을 내는 성분인 락투카리움
(lactucarium)은 진정 작용을 하는데, 상추 쌈을 먹으면 졸린 이유 중 하나가 바로 이 성분
때문입니다. 과음했을 때 상추를 갈아 주스로 마시면 숙취 해소에 도움이 되며, 두통이 있
을 때도 상추즙을 먹으면 진통이 완화되는 효과가 있습니다.

HOW TO MAKE

03

맛있게 먹고 살도 빼는
파프리카 쇠고기 샐러드

458kcal
25min

채소와 고기가 만나 다양한 식감과 풍성한 맛이 일품인 샐러드

파프리카는 비타민이 풍부한 채소로, 파프리카에 함유된 비타민 C는 토마토의 5배, 레몬의 2배나 됩니다. 파프리카의 카로티노이드(carotinoid) 성분은 모세혈관 벽을 강화하고 혈액 순환을 촉진하며 강력한 항산화 작용을 합니다. 노란색 파프리카는 비타민 C 흡수를 도와 피부 미용에 좋으며 생체 리듬을 유지, 강화시켜주고 스트레스 해소에도 도움을 줍니다.

1 재료를 준비한다.

쇠고기 안심 100g, 파프리카(노란색 · 빨간색) 각각 ½개, 주키니호박 ⅓개, 양배추 ⅛개, 소금 · 후춧가루 약간, 올리브오일 약간

2 간장 참깨 드레싱을 준비한다.

간장 ½큰술, 식초 ½큰술, 들기름 ½큰술, 참깨 1작은술, 올리고당 ½큰술, 연겨자 ½작은술

3 쇠고기는 찬물에 15~20분 담가 핏물을 뺀다.

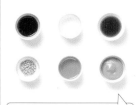

4 피망과 파프리카는 반 갈라 씨를 빼고 1cm 간격으로 길게 썬다. 양배추는 피망과 비슷한 크기로 썬다.

5 주키니호박은 0.5~1cm 두께로 썰어 소금과 후추를 살짝 뿌려 밑간한다.

6 쇠고기는 키친타월에 올려 물기를 제거한 뒤 앞뒤에 올리브오일을 조금 바른다.

7 달군 팬에 올리브오일을 약간 두른 뒤 준비된 채소들을 중불에 굽는다.

8 키친타월에 올리브오일을 묻혀 달군 팬에 닦아내듯 기름칠하고, 쇠고기에 소금과 후추를 약간 뿌려 중불에서 굽는다(고기 익힘 정도는 취향에 따른다).

9 구운 쇠고기를 썰어 접시에 담고, 구운 채소들도 함께 담는다.

10 드레싱은 종지에 따로 담아 곁들인다.

Tip

다이어트할 때 고기 선택 방법
기름기가 적은 안심, 사태 부위를 이용하거나 지방을 제거한 뒤 섭취하세요. 다양한 채소와 곁들여 먹으면 포만감도 높이고 소화 흡수를 도와줘 다이어트에 도움이 됩니다.

파프리카 고르는 법
색이 선명하고 약간 통통하고 모양이 반듯하며 꼭지 부분이 마르지 않은 것을 선택하세요.

04

노폐물 배출에 탁월한
셀러리 감자 샐러드

296kcal
25min

부드러운 요거트 드레싱과 감자, 달걀이 만난 포근한 식감의 샐러드

독특한 향을 가진 셀러리는 당질과 지방질 함량이 낮고 식이섬유소가 풍부한 식품입니다. 비타민 B_1, B_2가 풍부해 에너지 대사에 도움을 주며, 셀러리 잎의 세다놀(sadanol) 성분은 몸의 열을 내려주고 이뇨 작용을 촉진해 노폐물 배출을 원활하게 하는 효과가 있습니다.

1 재료를 준비한다.

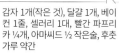

감자 1개(작은 것), 달걀 1개, 베이컨 1줄, 셀러리 1대, 빨간 파프리카 ¼개, 아마씨드 ½ 작은술, 후춧가루 약간

2 그릭요거트 드레싱을 준비한다.

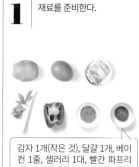

무가당 그릭요거트 1큰술, 하프마요네즈 1큰술, 올리고당 2작은술, 레몬즙 1작은술

3 감자는 껍질을 벗겨 깨끗이 씻어 깍둑썰기한 후 찐다.

4 달걀은 15분 정도 삶아 찬물에 식힌 후 껍질을 벗겨 슬라이스한다.

5 베이컨은 뜨거운 물에 살짝 데쳐 불순물을 제거한 후 잘게 잘라 프라이팬에 중불로 굽는다.

6 셀러리는 섬유질을 벗긴 후 줄기 부분은 1cm 간격으로 깍둑썰기하고 잎 부분은 잘게 다진다.

7 파프리카는 사방 1cm로 깍둑썬다.

8 ③, ④, ⑤, ⑥의 줄기 부분, ⑦을 섞어 그릇에 담은 뒤 아마씨드를 올린다.

9 ⑧ 위에 ⑥의 다진 잎을 올리고 드레싱을 뿌려 살살 버무린다.

Tip

셀러리 고르는 법
줄기는 연녹색, 잎은 녹색으로 겉대와 속대 굵기가 일정하고, 전반적으로 줄기가 굵고 길며 연한 것으로 고릅니다. 잎에 영양 성분이 풍부하므로 잎도 함께 활용합니다.

05

포만감은 높이고, 지방 흡수는 낮춰주는
양배추 메추리알 샐러드

408kcal
30min

달콤한 고구마와 호박, 그리고 호두 요거트 드레싱의 고소한 만남

양배추는 항궤양 비타민으로 알려진 비타민 U가 풍부해 위 점막을 튼튼하게 하고, 상처 난 위벽의 회복을 촉진하며, 궤양을 억제하는 효과가 있습니다. 또한 항산화영양소인 베타카로틴과 비타민 C가 풍부하고, 지방 흡수 저해 및 포만감을 주는 식이섬유소가 풍부해 다이어트에 효과적입니다.

1 재료를 준비한다.

양배추 ⅛개, 브로콜리 ¼개, 단호박 ⅕개, 호박고구마 ⅓개, 삶은 메추리알 5개, 다진 호두 1작은술, 소금 약간(브로콜리 데칠 때 사용)

2 그릭요거트 드레싱을 준비한다.

무가당 그릭요거트 1큰술, 하프마요네즈 1큰술, 올리고당 2작은술, 레몬즙 1작은술

3 브로콜리는 한입 크기로 잘라 끓인 물에 소금을 조금 넣고 데친다.

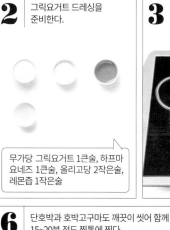

4 ③을 찬물에 헹군 후 물기를 뺀다.

5 양배추는 찜통에 5~7분 정도 찐다.

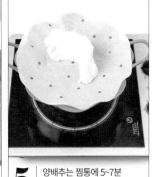

6 단호박과 호박고구마도 깨끗이 씻어 함께 15~20분 정도 찜통에 찐다.

7 ④, ⑤, ⑥을 한입 크기로 자른다.

8 드레싱 재료를 섞어 준비한다.

9 호두를 다져 ⑧에 섞는다.

10 그릇에 ⑦을 넣고 드레싱은 따로 종지에 담아 낸다.

Tip

양배추 고르는 법
겉이 녹색이고 단단하며 무거운 것이 좋습니다.

양배추 조리법
영양소 손실을 줄이기 위해 물에 직접 데치는 것보다 찜기에 찌는 것이 좋습니다.

06

풍부한 식이섬유소와 항산화영양소로 피부에 생기를!

브로콜리 달걀 샐러드

234kcal
15min

아삭한 채소와 부드러운 달걀이 어우러져 씹는 재미 만점

브로콜리의 설포라판(sulforaphane)과 인돌(indole) 성분은 간의 해독 효소를 높여 독소 배출에 도움을 주고 간의 지방 흡수를 낮춰줍니다. 브로콜리는 또한 비타민 C 함량이 레몬보다 2배나 높고, 칼슘은 시금치보다 4배나 많이 들어 있으며, 노화를 막고 피부에 생기를 불어넣는 비타민 E와 변비에 좋은 식이섬유소가 풍부해 다이어트에 효과적입니다.

1 재료를 준비한다.

달걀 1개, 브로콜리 ¼개, 오이 ¼개, 당근 ¼개, 꽃맛살 4개, 파슬리 가루 약간, 소금 약간(브로콜리 데칠 때 사용)

2 그릭요거트 드레싱을 준비한다.

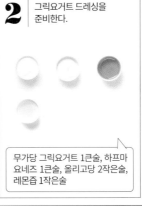

무가당 그릭요거트 1큰술, 하프마요네즈 1큰술, 올리고당 2작은술, 레몬즙 1작은술

3 달걀을 15분 정도 삶아 찬물에 식힌 후 껍질을 벗겨 슬라이스한다.

4 브로콜리는 한입 크기로 잘라 끓는 물에 소금을 넣고 데친다.

5 ④는 찬물에 헹궈 물기를 뺀다.

6 오이는 굵은 소금으로 박박 문질러 깨끗이 씻고 물기를 제거한 뒤 1.5cm 두께로 잘라 깍둑썰기한다.

7 당근은 껍질을 벗긴 뒤 1.5cm 두께로 잘라 깍둑썰기한다.

8 꽃맛살은 찬물에 5분 이상 담가둔다.

9 ⑧은 흐르는 물에 씻어 물기를 세거한다.

10 그릇에 준비한 재료들을 담고 드레싱을 올린 후 파슬리 가루를 뿌려 마무리한다.

Tip

브로콜리 고르는 법
송이가 단단하고 줄기의 단면이 싱싱하며 꽃이 피지 않은 것이 좋습니다.

브로콜리 조리법
오래 삶으면 항암 효과가 낮아지기 때문에 살짝 데쳐 섭취합니다.

맛살 조리법
식품 첨가제와 나트륨 함량이 높으므로 찬물에 담갔다가 씻어 사용합니다.

07

콜레스테롤을 낮춰 피를 맑게 해주며 노폐물 배출에 굿!

구운 가지 참치 샐러드

346kcal
20min

구운 가지의 쫄깃한 식감과 발사믹 식초의 상큼함이 어우러진 맛

가지는 안토시아닌계 색소 중 자주색을 나타내는 나스닌(nasnin)과 적갈색을 나타내는 히아신(hyacin) 성분이 들어 있어 검은색에 가까운 짙은 보라색을 띕니다. 이런 색소 성분은 지방을 잘 흡수하고 혈관 속의 노폐물을 용해, 배출시켜 피를 맑게 해주고, 혈액 속 콜레스테롤을 낮추기 때문에 다이어트에 효과적입니다.

HOW TO MAKE

1 재료를 준비한다.

가지 ½개, 통조림 규브 참치 7개, 블랙올리브 3개, 빨간 파프리카 ¼개, 어린잎채소 1줌, 양파 ¼개, 올리브오일 1작은술, 소금·후춧가루 약간

2 발사믹 드레싱을 준비한다.

발사믹 식초 1큰술, 올리브오일 1큰술, 다진 양파 1작은술

3 통조림 큐브 참치는 채반에 걸러 기름을 빼고 뜨거운 물을 부어 데치듯 헹군 뒤 물기를 제거한다.

4 양파는 네모지게 썰어 찬물에 10분 이상 담가둔다.

5 어린잎채소는 찬물에 담갔다가 물기를 뺀다.

6 가지는 1cm 두께로 어슷썬다.

7 달군 팬에 올리브오일을 두른 뒤 ⑥의 가지에 소금과 후춧가루를 살짝 뿌려 앞뒤로 약한불에 굽는다.

8 빨간 파프리카는 깍둑썰고, 블랙올리브는 반 자른다.

9 구운 가지를 접시에 깔고 그 위에 준비된 재료들을 올려 담는다.

10 ⑨ 위에 드레싱을 뿌려 살살 버무린다.

Tip

가지 고르는 법
색이 선명하고 윤기가 나며 모양이 곧은 것이 좋습니다.

통조림 식품 조리법
사용하기 편리한 통조림 식품. 하지만 식품 첨가물 때문에 꺼려진다면, 체에 받쳐 기름을 제거한 후 뜨거운 물을 부어 데치듯 헹군 뒤 사용하세요.

08

체내 해로운 성분을 분해 배출해주는
훈제오리 무쌈 샐러드

440kcal
20min

불포화지방산이 풍부해 고소한 오리고기와 새콤달콤한 무 초절임의 만남

무에 들어 있는 알리신(allicin) 성분은 혈관 내 노폐물이 쌓이는 것을 막아주며 심혈관 질환 예방 효과가 있습니다. 또한 소화를 돕는 디아스타아제(diastase)가 들어 있어 자연 소화제로 사용되며, 옥시다아제(oxidase) 성분은 구운 음식들에 포함된 발암성 물질을 분해해주는 역할을 합니다.

HOW TO MAKE

1 재료를 준비한다.

훈제오리 100g, 무순 10g, 무쌈 6개, 빨간 파프리카 ¼개, 노란 파프리카 ¼개, 오이 1개

2 아보카도 드레싱을 준비한다.

으깬 아보카도 2큰술, 씨겨자 ½큰술, 하프마요네즈 ½큰술, 레몬즙 1작은술

3 훈제오리는 끓는 물에 1~2분 정도 데쳐 식품 첨가제와 기름을 제거한다.

4 팬을 달군 뒤 ③을 중불에 살짝 굽는다.

5 무순은 찬물에 담갔다가 꺼내 물기를 제거한다.

6 파프리카는 길고 얇게 썬다.

7 오이 반 개는 돌려깎기한다.

8 ⑦을 파프리카 길이만큼 얇고 길게 썬다.

9 남은 오이 반 개는 가로(원형)로 잘라 구멍을 판다.

10 ⑨를 링 모양으로 썬다.

11 무쌈에 아보카도 드레싱을 바른다.

12 ⑪에 구운 훈제오리와 채소들을 올려 돌돌 만 뒤 오이 링에 끼워 넣는다.

 Tip

훈제오리 조리법
색 보존을 위해 첨가된 아질산나트륨을 제거하기 위해 뜨거운 물에 데친 뒤 섭취하는 것이 좋습니다.

무쌈 조리법
시판되는 무 초절임을 이용할 경우, 찬물에 15분 이상 담가 식품 첨가제를 제거하고 사용하세요.

09

빈혈을 예방해주고 상처 치유 능력이 탁월한
깻잎 쇠고기 샤브 샐러드

328kcal
20min

데친 쇠고기의 담백한 맛과 깻잎의 향긋함이 조화로운 맛

깻잎 특유의 향은 리모넨(limonene), 페릴케톤(Perill keton) 등 정유 성분에 의한 것으로, 이 성분들은 천연 방부제 역할을 해 식중독을 예방하는 효과가 있습니다. 철분이 시금치의 2배 이상 함유되어 있어 깻잎 30g 정도를 섭취하면 하루에 필요한 철분 양을 채울 수 있습니다. 또한 항산화영양소인 비타민 A, C 등이 풍부해 흡연자나 스트레스를 많이 받는 경우 섭취하면 좋습니다.

HOW TO MAKE

1 재료를 준비한다.

깻잎 5장, 쇠고기(샤브샤브용) 60g, 느타리버섯 30g, 양파 ¼개, 양상추 ¼개, 다시마 1쪽, 간장 1 큰술, 통후추 약간

2 오리엔탈 드레싱을 준비한다.

간장 ½큰술, 식초 ½큰술, 올리고 당 ½큰술, 아마씨드 ½큰술, 참기 름 ½작은술

3 찬물에 다시마, 간장, 통후추를 넣고 끓이다 펄펄 끓으면 5분 후 재료들을 건져내 다시마 육수를 만든다.

4 ③에 쇠고기를 넣어 재빨리 익힌다.

5 익힌 쇠고기를 건진 뒤 체에 받쳐 물기를 제거한다.

6 양파는 가늘게 채썰어 찬물에 10분 정도 담가둔다.

7 느타리버섯은 끓는 물에 소금을 넣고 살짝 데친 후 찬물에 헹구고, 물기를 꼭 짠 뒤 가늘게 찢는다.

8 양상추는 먹기 좋은 크기로 잘라 찬물에 헹군다.

9 깻잎은 깨끗이 씻어 가늘게 채썬다.

10 그릇에 준비된 채소와 데친 쇠고기를 담고 드레싱을 뿌려 살살 버무린다.

Tip

쇠고기와 깻잎의 궁합
깻잎의 비타민 A와 C, 그리고 아마씨드 같은 식물성 기름의 오메가 3 지방산은 쇠고기에 부족한 영양소로 콜레스테롤이 혈관에 침착하는 것을 예방해줘서 쇠고기와 깻잎은 영양적으로 궁합이 좋은 식품입니다.

깻잎 고르는 법
짙은 녹색이며 부드럽고 줄기가 마르지 않은 것이 좋습니다.

신진대사를 촉진시켜주는
양파 돼지고기 샐러드

381kcal
25min

감칠맛 나는 돼지고기와 상큼한 홍초 양파가 만나 자꾸 손이 가는 맛

양파는 90% 이상이 수분으로 이루어져 있으며, 지질 함량이 적고, 채소 중에서는 단백
질 함량이 높은 편입니다. 양파에 함유된 알릴(allyi) 화합물과 케르세틴(quercetin)은 지
질 산패를 막아주고, 혈관 속에 콜레스테롤이 축적되는 것을 예방해주며, 지방의 신진대
사를 촉진해 다이어트하는 사람들에게 좋은 식품입니다.

1 재료를 준비한다.

돼지고기(불고기용 앞다리살) 70g, 양파 ¼개, 양상추 50g, 겨자 잎 3장, 빨간 파프리카 ¼개, 홍초 1컵(양파 절임용)

2 돼지고기 양념장 재료를 준비 한다.

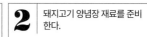

간장 1큰술, 올리고당 ½큰술, 다 신 마늘 ½큰술, 참기름 1작은술, 생강즙 1작은술, 후춧가루 약간

3 올리브오일 드레싱을 준비한다.

올리브오일 1큰술, 소금·후춧가 루 약간

4 돼지고기는 ②의 양념장에 30분 이상 재워둔다.

5 양파는 채썰어 홍초에 15분 이상 재워둔다(양파 초절임에 홍초를 사용하면 편리하다).

6 양상추와 겨자잎은 먹기 좋은 크기로 잘라 찬물에 담갔다가 물기를 제거한다.

7 파프리카는 얇게 채썬다.

8 팬을 달군 뒤 중불에 돼지고기를 충분히 익힌다.

9 홍초에 절인 양파는 건져 체에 받쳐 물기를 뺀다.

10 준비한 채소들을 섞어 그릇에 옮겨 담고, 구운 돼지고기를 올린 뒤 그 위에 드레싱을 뿌린다.

Tip

양파 보관법
양파는 껍질이 잘 마르고 단단한 것이 싱 싱한 것입니다. 통풍이 잘 되고 서늘한 곳 에 보관합니다.

홍초 구매법
홍초는 당 함량이 가장 적은 것을 구매합 니다. 홍초의 당이 염려되면 식초와 올리 고당으로 초절임한 양파를 사용해도 좋습 니다.

11

항산화영양소가 풍부하고 식욕 억제에 도움을 주는
시금치 닭 가슴살 샐러드

366kcal
20min

사과와 오렌지의 싱그러움이 어우러진 닭 가슴살 샐러드

시금치의 틸라코이드(thylakoid), 콜레시스토키닌(cholecystokinin)은 식욕을 억제하고
포만감을 주는 호르몬을 생성하는 것으로 알려져 있어 다이어트하는 사람에게 좋은 식
품입니다. 채소 중 비타민 A가 많이 함유돼 있는 시금치는 눈 건강에 좋으며 철분 흡수
를 돕는 비타민 C와 칼슘, 철분이 풍부한 알칼리성 식품입니다.

HOW TO MAKE

1 재료를 준비한다.

시금치 50g, 닭 가슴살 ½쪽, 오렌지 ½개, 사과 ¼개, 양파 ¼개, 아마씨드 ½큰술, 레몬즙 1큰술, 마늘 2개, 청주 1큰술, 통후추 약간

2 올리브오일 드레싱을 준비한다.

올리브오일 1큰술, 식초 1큰술, 다진 양파 1큰술, 소금·후춧가루 약간

3 마늘, 소금, 청주, 통후추를 넣고 끓인 물에 닭 가슴살을 삶아 한 김 식힌 뒤 결대로 얇게 찢는다.

4 시금치는 다듬어 씻은 뒤 체에 받쳐 물기를 뺀다.

5 양파는 원형으로 얇게 썬다.

6 ⑤는 찬물에 10분 정도 담가 매운기를 제거한다.

7 ⑥은 체에 받쳐 물기를 뺀다.

8 오렌지는 껍질을 벗겨 반달 모양으로 얇게 썬다.

9 사과는 껍질째 깨끗이 씻어 반달 모양으로 얇게 썬다.

10 레몬즙을 희석한 찬물에 사과를 3분 정도 담가 갈변(사과가 누렇게 변하는 것)을 예방한다.

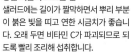

좋은 시금치 고르는 법
샐러드에는 길이가 짤막하면서 뿌리 부분이 붉은 빛을 띠고 연한 시금치가 좋습니다. 오래 두면 비타민 C가 파괴되므로 되도록 빨리 조리해 섭취합니다.

아마씨드의 효능
생명의 씨앗이라 불리는 아마씨드는 필수 지방산인 오메가3 지방이 풍부합니다. 또한 아마씨드의 리그난(lignan) 성분은 여성호르몬과 비슷한 작용을 해 피부 미용 및 갱년기 여성에게 특히 좋습니다. 식이섬유소도 풍부해 다이어트에 효과적인 식품입니다.

11 준비된 채소와 과일을 그릇에 담고 닭 가슴살을 올린 뒤 드레싱과 아마씨드를 뿌리고 살살 버무려 마무리한다.

12

칼로리는 낮추고 항산화영양소는 높이고!
레몬 곤약 샐러드

242kcal
15min

생각만 해도 입에 침이 고이는 레몬의 상큼함이 살아 있는 샐러드

레몬은 비타민 C가 풍부해 스트레스 해소 및 항산화 능력이 탁월한 과일로, 피부 건강과 감기 예방, 피로 회복에 도움을 줍니다. 음식에 맛을 더할 때 짠맛이나 단맛이 아닌 신맛을 활용해보세요. 칼로리는 낮추고 입맛을 돋우는 역할을 해서 샐러드 드레싱, 주스 등 다양한 레시피에 활용 가능합니다. 과량 섭취 시 췌장액의 유도를 도와 당분 흡수를 빠르게 하므로 주의합니다.

HOW TO MAKE

1 재료를 준비한다.

곤약 100g, 레몬 ½개, 치커리 20g, 오이 ⅓개, 당근 ¼개, 상추 3장, 적근대 2장, 아마씨드 약간

2 간장 올리브오일 드레싱을 준비한다.

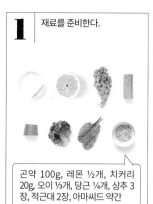

간장 ½큰술, 올리브오일 1큰술, 식초 ½큰술, 다진 마늘 1작은술, 메이플시럽 ½큰술, 레몬즙 1작은술, 아마씨드 약간

3 상추, 적근대, 치커리는 먹기 좋은 크기로 뜯어 찬물에 씻는다.

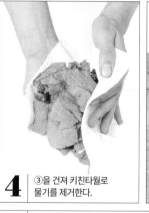

4 ③을 건져 키친타월로 물기를 제거한다.

5 곤약은 끓는 물에 데친 뒤 찬물에 헹궈 깍둑썰기한다.

6 레몬은 깨끗이 씻어 반달 모양으로 얇게 썬다.

7 오이는 껍질째 굵은 소금으로 박박 문지른 뒤 깨끗한 물에 씻어 물기를 제거하고 깍둑썰기한다.

8 당근은 깨끗이 씻어 깍둑썰기한다.

9 준비한 채소와 곤약, 레몬을 그릇에 담는다.

10 드레싱과 아마씨드를 뿌린다.

Tip

레몬 고르는 법
광택 있고 말랑말랑하고 향이 좋으며 무게감 있는 것이 좋습니다.

레몬 세척법
레몬, 자몽, 라임 등 수입 과일은 베이킹소다를 물에 풀어 깨끗이 씻은 뒤 뜨거운 물에 살짝 데치면 코팅제 및 농약 잔여물이 제거됩니다.

13

강력한 항산화영양소를 가진
블루베리 뮤즐리 샐러드

342kcal
10min

블루베리의 새콤달콤함과 뮤즐리의 고소한 식감이 잘 어우러진 샐러드

미국 《타임》지에서 선정한 10대 슈퍼 푸드인 블루베리는 안토시아닌이 풍부해 시력 보호 효과가 있을 뿐만 아니라 신진대사를 원활하게 해줘 다이어트에 효과적인 과일입니다. 또한 블루베리의 레스베라트롤(resveratrol) 성분은 심혈관질환 예방 및 노화 예방에 효과적이며 식이섬유소도 풍부합니다. 그릭요거트 드레싱과 함께 섭취하면 블루베리에 부족한 칼슘과 단백질을 함께 섭취할 수 있습니다.

HOW TO MAKE

1 재료를 준비한다.

블루베리 20~25알, 뮤즐리 ¼컵, 셀러리 20g, 사과 ¼개, 바나나 ½개

2 그릭요거트 드레싱을 준비한다.

무가당 그릭요거트 2큰술, 올리고당 2작은술, 레몬즙 1작은술

3 셀러리는 섬유질을 벗긴다.

4 ③은 한입 크기로 깍둑썰기한다.

5 사과는 껍질째 깨끗이 씻어 깍둑썰기한다.

6 바나나도 비슷한 크기로 깍둑썰기한다.

7 뮤즐리, 셀러리, 사과, 바나나, 블루베리를 그릇에 담는다.

8 ⑦에 드레싱을 올려 마무리한다.

Tip

시리얼 구입법
간편한 아침식사나 다이어트식으로 그래놀라, 뮤즐리, 시리얼 등을 많이 활용하시지요? 뮤즐리는 통귀리와 기타 곡류, 생과일이나 말린 과일, 견과류 등을 혼합해 만든 스위스식 아침 식사용 시리얼을 말합니다. 정백당이나 과당 등 당류로 맛을 내 칼로리가 높지 않은지, 팜유 등 저급 지방이 들어 있지 않은지 확인 되도록 자연 재료를 그대로 이용한 순수한 뮤즐리 제품을 고르는 것이 칼로리나 영양 면에서 좋습니다.

14

예뻐지는 비타민 C가 듬뿍!
딸기 루콜라 샐러드

260kcal
10min

새콤달콤한 딸기와 루콜라의 독특한 향을 리코타치즈가 부드럽게 감싸주는 맛

새콤달콤한 딸기는 쌉싸름한 맛을 지닌 채소들과 잘 어울립니다. 딸기는 칼로리가 낮고 엘라그산 성분이 암세포 억제에 도움을 주며 노화를 지연시킵니다. 비타민 C가 많이 들어 있어 체내 활성산소를 줄이는 데 효과적입니다. 딸기는 칼슘과 단백질이 부족한데 치즈나 요거트 등과 함께 섭취하면 맛과 영양을 보완해줄 수 있습니다.

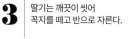

HOW TO MAKE

1 재료를 준비한다.

딸기 7~8개, 루콜라 20g, 리코타 치즈 ¼컵, 호두 2알

2 발사믹 드레싱을 준비한다.

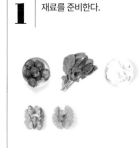

발사믹 식초 1큰술, 올리브오일 1 큰술, 다진 양파 1작은술

3 딸기는 깨끗이 씻어 꼭지를 떼고 반으로 자른다.

4 루콜라는 깨끗이 씻어 2~3분 정도 찬물에 담근다.

5 ④는 체에 받쳐 물기를 뺀다.

6 호두는 먹기 좋은 크기로 자른다.

7 보울에 루콜라와 딸기를 담고 리코타치즈를 딸기 크기 정도로 한 숟가락씩 떠서 올린다.

8 ⑦에 ⑥을 올린다.

9 ⑧에 드레싱을 올려 마무리한다.

Tip

딸기 고르는 법
꼭지가 마르지 않고 진한 초록색을 띠며, 붉은 빛이 꼭지 부분까지 도는 것이 잘 익은 딸기입니다.

딸기 세척법
과육이 부드러워 물에 담가두면 비타민 C 가 용출되므로 식초를 탄 찬물에 살짝 헹 군 뒤 흐르는 물에 씻습니다.

15

콜레스테롤 잡고 성인병 예방하는
오렌지 푸실리 샐러드

347kcal

20min

향긋한 오렌지 향과 담백한 새우가 잘 어우러진 차가운 파스타 샐러드

오렌지의 플라본(flavone) 화합물은 콜레스테롤을 저하시켜 다이어트뿐만 아니라 성인
병 예방에 도움을 줍니다. 새콤달콤한 오렌지와 채소들, 그리고 푸실리와 함께 건강한 한
끼 샐러드 식사를 완성하세요.

1 재료를 준비한다.

오렌지 ½개, 푸실리 30g, 칵테일 새우 3~4마리, 어린잎채소 20g, 로메인 8장, 소금 · 후춧가루 · 올리브오일 약간

2 오리엔탈 드레싱을 준비한다.

간장 ½큰술, 식초 ½큰술, 올리고당 ½큰술, 아마씨드 ½큰술, 참기름 ½작은술

3 끓는 물에 소금과 올리브오일을 넣고 푸실리를 10분 정도 삶아 체에 건져 물기를 뺀다.

4 드레싱을 푸실리에 반 정도 섞어 간이 배도록 한다.

5 로메인은 먹기 좋은 크기로 뜯어 어린잎채소와 함께 찬물에 5분 정도 담가둔다.

6 ⑤를 건져 물기를 뺀다.

7 칵테일 새우는 끓는 물에 3~5분 정도 데친다.

8 오렌지는 껍질을 벗긴 뒤 살만 발라서 반달 모양으로 자른다.

9 ④의 푸실리, 채소들, 오렌지, 새우를 남은 드레싱에 버무려 그릇에 담는다.

Tip

좋은 오렌지 고르는 법
오렌지는 둥글고 무거우며 껍질이 부드러운 것이 좋습니다.

과일 섭취법
과일을 과량 섭취하는 것은 다이어트에 도움이 되지 않으니 섭취량에 주의하세요.

16

나트륨 배출을 도와 부종 예방에 탁월한
수박 비타민 샐러드

361kcal
10min

달콤 시원한 수박·포도와 톡 쏘는 레몬 드레싱의 상큼함이 어우러진 맛

수박의 붉은색 영양소인 라이코펜(lycopene)은 세포의 노화를 막아주는 강력한 항산화 영양소로 알려져 있습니다. 수박의 풍부한 수분과 시트룰린(citrulline) 성분은 이뇨 작용을 도와 부종을 예방해주며 다량의 칼륨은 나트륨을 배출시키는 역할을 합니다.

HOW TO MAKE

1 재료를 준비한다.

수박 1컵, 비타민 20g, 적포도 7~8알, 생모차렐라치즈 ¼봉, 바질 잎 3장

2 레몬 올리브오일 드레싱을 준비한다.

올리브오일 1큰술, 레몬즙 1큰술, 레몬제스트 2작은술

3 수박은 깍둑썰기한다. 보이는 씨들은 제거한다.

4 비타민은 흐르는 물에 씻어 먹기 좋은 크기로 자른다.

5 적포도는 깨끗이 씻어 물기를 제거한다.

6 모차렐라치즈는 한입 크기로 자른다.

7 바질 잎은 잘게 다진다.

Tip

수박 고르는 법
수박은 배꼽 부분이 작고 살짝 들어가 있으며 검은색 줄무늬가 선명하고 두들겼을 때 맑은 소리가 나는 것이 잘 익은 것입니다.

레몬제스트 만드는 법
레몬제스트는 레몬 껍질을 가루처럼 가늘고 얇게 벗겨낸 것을 말합니다. 레몬제스트를 만들 때는 레몬을 베이킹소다로 깨끗이 닦고 뜨거운 물에 살짝 데친 뒤 흐르는 물에 씻어 코팅제나 잔류 농약을 제거해야 합니다. 레몬제스트는 레몬 껍질의 노란 면만 제스터나 그레이터로 갈아 사용합니다. 이런 도구가 없으면 칼로 얇게 벗겨 가늘고 얇게 채썰어 사용하는데, 흰 부분이 섞이면 맛이 쓸 수도 있으니 주의합니다.

8 ⑦에 만들어둔 드레싱을 섞는다.

9 그릇에 재료들을 담고 ⑧을 뿌린다.

17

피로는 가라! 지친 피부와 몸에 생기 가득
귤 관자 샐러드

289kcal

20min

감칠맛이 풍부한 관자와 새콤달콤한 귤의 만남

비타민 C가 풍부한 귤은 다른 과일에 비해 칼로리가 낮지만, 먹기 편리해 1회 섭취 권장량(1개)보다 많이 먹게 되기 쉽습니다. 귤을 채소와 곁들여 샐러드를 만들어보세요. 후식으로 먹는 것보다 포만감이 높은 샐러드로 섭취하면 쉽게 좀 더 예뻐지는 다이어트가 가능해진답니다.

HOW TO MAKE

1 재료를 준비한다.

귤 1개, 조개 관자 2개, 블랙올리브 4개, 느타리버섯 30g, 시금치 1줌, 파르메산치즈 가루 2작은술, 소금·후춧가루·올리브오일 약간

2 레몬 발사믹 드레싱을 준비한다.

발사믹 식초 1큰술, 레몬즙 1큰술, 레몬제스트 1작은술, 올리브오일 1큰술

3 관자는 깨끗이 씻어 얇게 썬 뒤 소금, 후춧가루로 밑간한다.

4 느타리버섯은 씻은 뒤 얇게 찢는다.

5 시금치는 깨끗이 씻어 먹기 좋은 크기로 다듬어 찬물에 잠시 담근다.

6 ⑤는 물기를 제거한다.

7 귤은 껍질을 벗기고 반달 모양으로 자른다.

8 달군 팬에 올리브오일을 바른 뒤 밑간한 관자를 중불에 앞뒤로 굽는다.

9 느타리버섯은 센불에 살짝 굽는다.

10 시금치, 귤, 블랙올리브를 섞어 접시에 담고, 구운 관자와 느타리버섯을 올린 뒤 드레싱과 파르메산치즈가루를 뿌려 마무리한다.

 Tip

귤 고르는 법
꼭지 부분이 싱싱한 것이 좋습니다. 상자째 구매할 때는 안까지 꼼꼼히 살펴 상한 것이 없는지 확인합니다.

조리법
귤은 자몽, 오렌지 같은 시트러스 과일류로 교체해도 좋습니다.
관자는 잘 달군 팬에 굽지 않으면 물이 많이 생기고, 오래 조리하면 질겨집니다.

18

포만감과 맛 모두를 잡는
사과 아보카도 샐러드

400kcal

10min

감칠맛이 풍부한 관자와 새콤달콤한 귤의 만남

사과는 과일 중에서도 포만감이 높은 편이라 식사량을 조절하는 데 도움을 줍니다. 사과의 펙틴 성분은 발암 물질과 중금속을 몸 밖으로 배출시키고 지방 흡수를 방해하며 위장 운동을 도와 변비를 예방해줍니다. 또한 사과 껍질의 우르솔산 성분은 저장된 지방을 연소해 열을 발생시켜 체중 감소에 도움을 주는 갈색지방 조직을 만드므로 사과는 깨끗이 씻어 껍질째 드시는 것이 다이어트에 도움이 됩니다.

HOW TO MAKE

1 재료를 준비한다.

사과 ½개, 아보카도 ½개, 셀러리 ½대, 블랙올리브 4개, 방울토마토 5개, 양파 ¼개, 저지방 스트링치즈 1개

2 레몬 올리브오일 드레싱을 준비한다.

올리브오일 ½큰술, 레몬즙 ½큰술, 레몬제스트 1작은술

3 사과는 껍질째 씻어 2cm 크기로 깍둑썰기한다.

4 아보카도는 씨를 제거하고 껍질을 벗긴 뒤 사과와 같은 크기로 썬다.

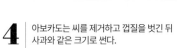

5 셀러리는 섬유질을 제거하고 사과와 같은 크기로 썬다.

6 양파는 사과와 같은 크기의 사각 모양으로 자른다.

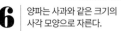

7 ⑥은 찬물에 10분 이상 담갔다가 물기를 제거한다.

8 방울토마토는 깨끗이 씻어 반으로 자른다.

9 스트링치즈는 한입 크기로 자른다.

10 모든 재료와 드레싱을 섞어 그릇에 담는다.

사과 고르는 법
사과는 식물의 성장을 돕는 에틸렌 가스를 방출해 다른 과일이나 채소를 빨리 숙성시키므로 하나씩 봉지에 밀봉해 따로 보관하는 것이 좋습니다.

주의하세요!
아보카도는 과일이지만 불포화지방산이 풍부해 영양적으로 우수하나 다소 칼로리가 높습니다. 섭취량에 주의하세요.

19

혈관 청소는 내게 맡겨요! 동안들의 과일
석류 콜라비 샐러드

258kcal
25min

상큼한 석류, 사각사각한 콜라비, 담백한 닭 가슴살의 식감이 조화로운 샐러드

씨앗에 다량 함유되어 있는 식물성 에스트로겐 성분으로 여성의 과일이라 불리는 석류. 강렬한 붉은색에 들어 있는 안토시아닌계 색소인 델피니딘(delphinidin), 펠라르고니딘 (pelargonidin)은 활성산소를 제거하고 세포의 원상복구를 도와 노화를 지연시켜주는 것으로 알려져 있습니다. 강력한 항산화영양소는 남성의 생식기 건강에도 도움을 주며, 혈관에 노폐물이 쌓이는 것을 예방해주는 역할을 합니다.

HOW TO MAKE

1 재료를 준비한다.

석류 알 ¼컵, 콜라비 ¼개, 루콜라 7줄기, 닭 가슴살 ½쪽, 청주 1큰술, 마늘 2개, 통후추 약간

2 레몬 어니언 드레싱을 준비한다.

올리브오일 1큰술, 레몬즙 1큰술, 레몬제스트 1작은술, 다진 양파 2작은술

3 청주, 마늘, 소금, 통후추를 넣고 끓인 물에 닭 가슴살을 10~15분 정도 삶아 식힌 뒤 결대로 얇게 찢는다.

4 콜라비는 깨끗이 씻어 껍질을 벗긴 뒤 필러로 얇게 썬다.

5 루콜라는 깨끗이 씻어 먹기 좋은 크기로 뜯는다.

6 그릇에 채소를 먼저 담고, 그 위에 닭 가슴살과 석류 알을 뿌린다.

7 ⑥ 위에 드레싱을 올려 마무리한다.

Tip

석류 손질법
석류는 꼭지를 잘라내고 겉껍질에 칼집을 깊게 넣어 4~6등분 한 뒤, 두 손으로 갈라 찬물을 담은 그릇에 넣고 알을 털어냅니다. 물 위로 뜨는 속껍질은 버리고 체에 받쳐 물기를 제거한 후 석류 알만 골라냅니다.

닭 가슴살 통조림 활용법
닭 가슴살 통조림을 사용할 경우, 가공식품의 특성상 나트륨 함량이 높을 수 있으므로 체에 받친 뒤 뜨거운 물을 부어 식품 첨가물을 제거합니다. 나트륨 배출에 효과적인 칼륨이 많은 녹황색 잎채소를 곁들이는 것이 좋습니다.

20

이뇨 작용으로 노폐물 배출을 원활히 해주는
참외 닭 가슴살 샐러드

297kcal
25min

아삭한 식감의 채소와 과일들이 씹는 재미를 주는 샐러드

참외는 칼로리가 낮고 엽산이 풍부해 임산부나 가임기 여성이 섭취하면 좋은 과일입니다. 또한 유해균을 제거해주는 역할을 해 식중독을 예방해주며, 풍부한 수분이 체내 이뇨 작용을 도와 노폐물 배출을 원활히 합니다.

1 재료를 준비한다.

참외 ½개, 당근 ¼개, 양배추 ⅛통, 빨간 파프리카 ¼개, 오이 ¼개, 로메인 4장, 닭 가슴살 ½쪽, 청주 1큰술, 마늘 2개, 통후추 약간

2 레몬 갈릭 드레싱을 준비한다.

올리브오일 1큰술, 레몬즙 1큰술, 레몬제스트 1작은술, 다진 마늘 1작은술

3 청주, 마늘, 소금, 통후추를 넣고 끓인 물에 닭 가슴살을 10~15분 삶아 식힌 뒤 결대로 얇게 찢는다.

4 당근과 오이는 얇게 채썬다.

5 양배추는 ③의 길이로 얇게 채썬다.

6 파프리카는 ③의 길이에 맞춰 채썬다.

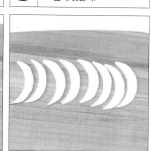

7 참외는 껍질째 깨끗이 씻어 반을 갈라 씨를 제거한 후 가로로(반달 모양) 얇게 썬다.

8 로메인은 씻어서 찬물에 살짝 담갔다가 물기를 제거한 뒤 먹기 좋은 크기로 자른다.

9 닭 가슴살과 채썬 당근, 오이, 양배추, 파프리카를 드레싱에 버무린다.

10 접시에 로메인을 깔고, 그 위에 참외를 올린다.

11 ⑩ 위에 드레싱에 버무린 채소들과 닭 가슴살을 올려 마무리한다.

Tip

참외 손질법
참외 껍질에는 항암 효과가 있는 쿠쿨비타신(cucurbitacins)이 들어 있어 함께 먹는 것이 영양적으로 좋으나 식감 때문에 꺼리는 경우가 있습니다. 참외 껍질을 깎을 때 필러를 이용해 부분적으로 껍질을 남기면 영양과 식감을 모두 살릴 수 있습니다.

21

수용성 식이섬유소가 풍부해 변비 예방에 탁월한
자두 호밀빵 샐러드

457kcal
10min

새콤달콤한 자두와 담백고소한 호밀빵이 잘 어우러진 샐러드

과민성대장증후군 개선에 뛰어난 소르비톨(sorbitol)과 수용성 식이섬유소인 펙틴이 풍부한 자두는 수분 배설을 도와 다이어트 및 변비 예방에 좋습니다. 안토시아닌 성분이 눈 건강 및 항산화에 도움을 주며, 유기산이 피로 회복 및 신체 리듬을 활성화시켜줍니다. 또한 칼슘 성분이 들어 있어 골다공증을 예방하는 데도 효과적입니다.

HOW TO MAKE

1 재료를 준비한다.

자두 2개, 크림치즈 2큰술, 베이비 시금치 10줄기, 호밀빵 1쪽, 아마 씨드 1작은술, 레몬제스트 약간

2 올리브오일을 준비한다.

올리브오일 1큰술

3 중불에 팬을 기름 없이 달군 뒤 호밀빵을 앞뒤로 살짝 굽는다.

4 베이비시금치는 깨끗이 씻어 찬물에 담갔다가 물기를 뺀다.

5 자두는 깨끗이 씻어 껍질째 얇게 썬다.

6 한김 식힌 ③의 호밀빵에 크림치즈를 바른다.

7 ⑥에 베이비시금치를 올린다.

8 ⑦에 자두를 올린다.

9 ⑧에 올리브오일을 얹고 레몬제스트를 뿌린다.

10 ⑨에 아마씨드를 뿌려 마무리한다.

Tip

자두 고르는 법
참자두는 품종의 특성상 붉은색이 당도가 낮은 경우가 많습니다. 약간 붉은 빛이 돌면서 노란색과 연두색이 자연스럽게 섞인 것이 맛있는 자두입니다.

자두 섭취 방법
자두에 부족한 단백질과 탄수화물을 호밀빵과 크림치즈로 보충했는데, 호밀빵과 크림치즈는 칼로리가 높으므로 섭취량에 주의하세요.

22

노화의 주범! 활성산소를 제거해주는
살구 캐슈넛 샐러드

316kcal

20min

새콤달콤한 살구와 고소하고 씹는 맛이 좋은 캐슈넛이 어우러진 샐러드

살구에는 항산화영양소인 베타카로틴이 들어 있어 체내 활성산소를 제거하는 데 효과적이며, 아미그달린(amygdalin)과 레트릴(laetrile) 성분은 세포를 활성화시켜 폐 건강에 특히 좋은 식품으로 알려져 있습니다. 캐슈넛은 불포화지방산인 리놀레산(linoleic acid)과 셀레늄(selenium) 등 항산화영양소가 풍부해 성인병 예방에 효과적입니다. 살구와 캐슈넛을 함께 먹으면 맛과 영양을 서로 보완해줄 수 있습니다.

HOW TO MAKE

1 재료를 준비한다.

살구 1개, 캐슈넛 5알, 저지방 스트링치즈 1개, 로메인 5장, 치커리 2줄기, 적양파 ⅛개

2 레몬 올리브오일 드레싱을 준비한다.

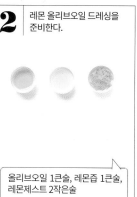

올리브오일 1큰술, 레몬즙 1큰술, 레몬제스트 2작은술

3 스트링치즈는 실온에 잠시 두어 부드럽게 만든 뒤 결대로 찢는다.

4 살구는 반으로 갈라 씨를 제거하고 4등분해 달군 팬에 약불로 살짝 익힌다.

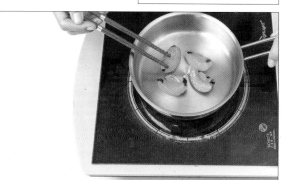

5 로메인과 치커리는 깨끗이 씻어 먹기 좋은 크기로 뜯는다.

6 적양파는 얇게 채썬다.

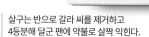

7 채소들 위에 스트링치즈를 올린다.

8 ⑦에 구운 살구를 올린다.

9 ⑧에 캐슈넛을 올린다.

10 드레싱을 뿌려 마무리한다.

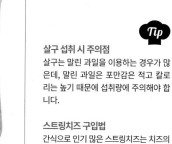

Tip

살구 섭취 시 주의점
살구는 말린 과일을 이용하는 경우가 많은데, 말린 과일은 포만감은 적고 칼로리는 높기 때문에 섭취량에 주의해야 합니다.

스트링치즈 구입법
간식으로 인기 많은 스트링치즈는 치즈의 특성상 칼로리와 나트륨 함량이 높을 수 있으므로 영양 성분표의 지방 및 나트륨 함량을 살펴 구매합니다.

23

항산화영양소가 가득한
토마토 카프레제 샐러드

389kcal

15min

토마토와 모차렐라치즈의 담백함에 양송이의 향과 식감을 더한 샐러드

과일이냐 채소냐 논란 속의 토마토는 미국 대법원에서 채소로 판결을 받은 엄연한 채소 이지만, 과일과 채소 2가지 특성을 갖춘 비타민과 무기질, 항산화영양소가 풍부한 식품 입니다. 특히 라이코펜, 베타카로틴 등은 강력한 항산화영양소로 노화 예방 및 질병 예 방 효과가 탁월하며, 빨간색이 진할수록 영양가가 높습니다.

HOW TO MAKE

1 재료를 준비한다.

토마토 1개, 모차렐라치즈 80g, 양송이버섯 2개, 바질 잎 3장, 아마씨드 ½큰술, 소금·후춧가루 약간

2 발사믹 드레싱을 준비한다.

발사믹 식초 1큰술, 올리브오일 1큰술, 다진 양파 1작은술

3 토마토는 둥근 모양을 살려 1cm 정도 두께로 자른다.

4 ③에 소금과 후춧가루를 뿌린다.

5 모차렐라치즈는 토마토와 비슷한 두께로 자른다.

6 양송이버섯을 씻어 얇게 썬다.

7 접시에 토마토, 모차렐라치즈, 바질 잎과 양송이 버섯을 켜켜이 놓는다.

8 드레싱과 아마씨드를 뿌려 마무리한다.

Tip

토마토 건강하게 먹는 법
토마토는 소금을 살짝 뿌려 먹으면 비타민 C 산화가 억제되어 영양소 파괴가 적고, 토마토의 단맛을 더 많이 느낄 수 있습니다. 또한 생으로 먹는 것보다 올리브오일 같은 지용성 식품과 함께 먹거나 익혀 먹으면 라이코펜의 흡수율이 더욱 높아집니다. 라이코펜은 항산화 영양소 이외에 알코올 분해 시 생기는 독성물질을 배출시키는 역할도 하므로 토마토는 술 안주나 숙취 음료로 만들어 먹어도 좋습니다.

치즈 섭취 방법
치즈는 고지방 단백질 식품으로 다이어트를 위해서는 저지방 치즈를 선택해 칼로리를 줄이는 것이 좋습니다. 한번에 많이 먹기보다 채소만으로 이루어진 음식과 섞어 적절한 양을 섭취하는 것이 영양 밸런스적으로 좋은 방법입니다.

24

단백질 식품의 소화흡수율을 높여주는
배 차돌박이 샐러드

406kcal
25min

아삭한 채소, 과일과 담백한 차돌박이의 조화

천연 소화제로 알려진 배! 육류와 함께 섭취할 경우, 배의 인베르타아제(invertase), 옥시다아제 같은 소화효소들이 소화 흡수를 도와주는 역할을 합니다. 또한 배의 풍부한 칼륨 성분은 나트륨 흡수를 방해해 부종을 예방하고, 펙틴 성분이 장 운동을 활발하게 해주며, 칼로리가 낮고 식이섬유소가 풍부해 포만감을 줍니다.

HOW TO MAKE

1 재료를 준비한다.

차돌박이 60g, 배 ¼개, 영양부추 20g, 적양파 ⅛개, 배추잎 3장, 다시마 1쪽, 간장 1큰술

2 간장 참깨 드레싱을 준비한다.

간장 ½큰술, 식초 ½큰술, 들기름 ½큰술, 참깨 1작은술, 올리고당 ½큰술, 연겨자 ½작은술

3 물에 다시마를 넣은 뒤 팔팔 끓으면 다시마를 건져내고 간장, 통후추를 넣은 뒤 차돌박이를 살짝 데친다.

4 배추는 씻어서 먹기 좋은 크기로 자른다.

5 영양부추는 씻어서 적당한 크기로 자른다.

6 배는 얇게 채썬다.

7 양파는 얇게 채썬다.

8 모든 재료를 섞어 그릇에 담는다.

9 ⑧에 드레싱을 얹는다.

Tip

배의 효능
단백질의 연육 작용을 돕는 성분이 들어 있어 육회나 고기를 양념할 때 많이 이용하는 재료입니다.

부추의 효능
비타민 B₁이 단백질 대사에 관여해 체내 이용률을 높이기 때문에 부추는 영양적으로 고기와 잘 어울리는 재료입니다.

칼로리를 더 줄이고 싶다면
차돌박이는 지방이 많은 부위로 데쳤을 때 식감이 부드러워 국물 요리에 자주 이용되는 재료입니다. 칼로리를 좀 더 낮추고 싶다면 쇠고기 안심이나 우둔살을 얇게 져며 사용해보세요.

25

항암 효과와 노화 예방에 도움을 주는
포도 리코타치즈 샐러드

340kcal
15min

달콤한 포도와 채소를 부드러운 리코타치즈가 감싸주는 샐러드

프렌치 패러독스를 아시나요? 육류 섭취량이 많은 프랑스인이 영국인, 미국인에 비해 심혈관 질환에 적게 걸리는 현상을 이르는 말입니다. 이는 콜레스테롤을 흡착 배출해 심혈관질환을 예방해주는 레스베라트롤이 풍부한 포도로 만든 와인을 즐겨 마시기 때문이라고 합니다. 또한 포도에는 유기산이 많이 들어 있어 체내 독소를 제거하고 성인병 예방에도 도움을 줍니다.

HOW TO MAKE

1 재료를 준비한다.

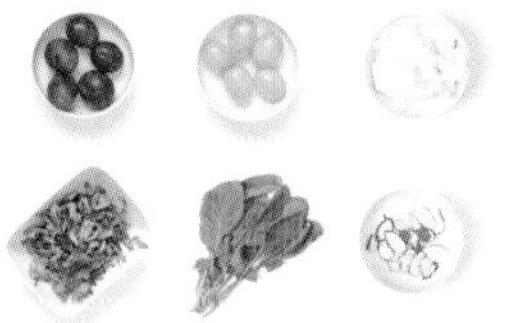

적포도 5알, 청포도 5알, 리코타치즈 50g, 어린잎채소 20g, 루콜라 5줄기, 아몬드 슬라이스 ½큰술

2 발사믹 드레싱을 준비한다.

발사믹 식초 1큰술, 올리브오일 1큰술, 다진 양파 1작은술

3 포도는 알알이 뜯어 흐르는 물에 깨끗이 씻은 뒤 물기를 제거한다.

4 루콜라는 찬물에 씻어 먹기 좋은 크기로 뜯는다.

5 어린잎채소는 찬물에 살짝 담근다.

6 ⑤는 체에 받쳐 물기를 제거한다.

7 채소 위에 리코타치즈를 한입 크기로 떠서 올린다.

8 ⑦에 포도를 올린다.

9 ⑧에 드레싱을 얹는다.

10 아몬드 슬라이스를 뿌려 마무리한다.

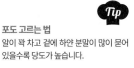

Tip

포도 고르는 법
알이 꽉 차고 겉에 하얀 분말이 많이 묻어 있을수록 당도가 높습니다.

포도 세척 및 보관법
물에 식초를 몇 방울 떨어뜨려 겉에 묻어 있는 화학물질을 씻어냅니다. 보관할 때는 신문지에 싸서 냉장 보관합니다.

포도 섭취법
당분이 많아 과량 섭취 시 혈당이 급격하게 높아질 수 있으니 주의합니다.

26

칼로리는 낮추고 영양은 높이고
오색 토마토 샐러드

317kcal
10min

토마토와 치즈가 만나 과하지 않은 달콤함과 부드러운 신맛이 있는 샐러드

과일의 달콤한 맛과 채소의 영양을 두루 갖춘 토마토. 그중에서도 오색 토마토는 강력한 항산화영양소로 노화의 원인이 되는 활성산소를 배출시켜 세포의 젊음을 유지시켜주는 토마토 영양의 일등공신 라이코펜 함량이 일반 토마토보다 높은 것으로 알려져 있습니다. 토마토는 먹기 편한 데다 칼로리는 낮고 영양가는 높아 다이어트 및 건강식품으로 각광받고 있습니다.

HOW TO MAKE

1 재료를 준비한다.

오색 토마토 1컵, 크림치즈 30g, 어린잎채소 20g, 아마씨드 ½큰술

2 올리브오일 드레싱을 준비한다.

올리브오일 1큰술, 식초 1큰술, 다진 양파 1큰술, 소금 · 후춧가루 약간

3 토마토는 깨끗이 씻어 물기를 제거한 뒤 반으로 자른다.

4 어린잎채소는 찬물에 담근다.

5 ④는 체에 받쳐 물기를 제거한다.

6 보울에 토마토와 어린잎채소를 담고 크림치즈를 수저로 떠서 올린다.

7 ⑥에 올리브오일 드레싱을 넣고 살살 섞는다.

8 아마씨드를 뿌려 마무리한다.

 Tip

토마토 구매법
토마토는 완전히 빨갛게 익은 것이 영양적으로 우수합니다. 특히 오색 토마토는 다양한 품종의 토마토가 함께 들어 있어 토마토의 영양을 고루 즐길 수 있으며 색이 다채로워 먹는 재미와 보는 재미를 모두 충족시켜줍니다.

27

지친 여름, 면역력을 책임지는
천도복숭아 닭 가슴살 샐러드

326kcal
20min

새콤달콤한 천도복숭아와 담백한 닭 가슴살이 만난 포만감 있는 샐러드

예로부터 중국에서 불로장생의 과일이라 부를 정도로 복숭아는 특히 단백질 식품과 함께 먹으면 힘을 더해주는 보양식품으로 알려져 있습니다. 대표적인 알칼리성 식품으로 면역력을 키워주고 칼로리가 낮아 다이어트 식품으로 좋으며, 아스파르트산(aspartic acid)이 풍부한 천도복숭아는 간 기능 회복 및 니코틴 해독, 면역 기능 강화에 탁월한 효과가 있는 것으로 알려져 있습니다.

HOW TO MAKE

1 재료를 준비한다.

천도복숭아 1개, 닭 가슴살 40g, 루콜라 5줄기, 크림치즈 30g

2 올리브오일 드레싱을 준비한다.

올리브오일 1큰술, 식초 1큰술, 다진 양파 1큰술, 소금·후춧가루 약간

3 청주, 마늘, 소금, 통후추를 넣고 끓인 물에 닭 가슴살을 삶아 식힌 뒤 결대로 얇게 찢는다.

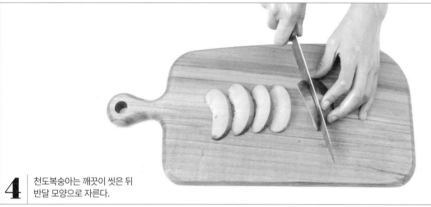

4 천도복숭아는 깨끗이 씻은 뒤 반달 모양으로 자른다.

5 루콜라는 깨끗하게 씻어 찬물에 담근다.

6 ⑤는 물기를 제거한 뒤 먹기 좋은 크기로 뜯는다.

7 모든 재료를 그릇에 담고 크림치즈를 수저로 떠서 올린다.

8 ⑦에 올리브오일 드레싱을 뿌려 마무리한다.

Tip

복숭아
복숭아는 표면에 털이 있으면 털복숭아, 털이 없으면 천도복숭아라고 합니다. 또한 색에 따라 백도와 황도로 나뉩니다. 백도는 과육이 희고 육질이 무르며 단맛이 강하고, 황도는 과육이 노란색이며 육질이 단단합니다. 특성상 황도나 천도복숭아가 샐러드용으로 사용하기 좋습니다. 복숭아는 향이 진한 것이 좋습니다. 실온에 보관하다가 먹기 한 시간 전쯤 냉장고에 넣어 시원하게 먹습니다.

28

체내 에너지 대사를 촉진시켜주는

파인애플 돼지고기 샐러드

428kcal
25min

감칠맛 나는 돼지고기와 달콤한 파인애플이 만난 샐러드

식이섬유소가 풍부하고 칼로리가 낮은 파인애플은 단백질 소화효소인 브로멜린 (bromelin)이 들어 있어 육류 요리와 궁합이 좋은 과일입니다. 브로멜린 성분은 통증과 염증을 감소시키고, 해독 작용이 뛰어납니다. 파인애플에는 신진대사를 원활히 하는 비타민 B$_1$이 풍부해 피로 회복 및 에너지 대사를 촉진시켜줍니다.

1 재료를 준비한다.

돼지고기(불고기용 앞다리살) 100g, 양상추 40g, 치커리 20g, 파인애플 링 1개, 양파 ½개, 간장 ½큰술, 미림 ½큰술, 올리고당 ½큰술, 생강즙 1작은술, 소금·후춧가루 약간

2 레몬 올리브오일 드레싱을 준비한다.

올리브오일 1큰술, 레몬즙 1큰술, 레몬제스트 2작은술

3 돼지고기는 소금과 후춧가루로 밑간한다.

4 파인애플은 한입 크기로 자른다.

5 양상추와 치커리는 찬물에 씻은 뒤 물기를 제거한다.

6 ⑤는 먹기 좋은 크기로 뜯는다.

7 양파는 가늘게 채썬다.

8 기름을 두르지 않은 팬을 달군 뒤 중불에 돼지고기를 굽는다.

9 ⑧에 양념장을 넣고 약한불에서 조리다가 마지막 에 센불로 수분을 날린다.

10 그릇에 채소를 담고 드레싱을 뿌린 뒤 그 위에 파인애플과 돼지고기를 올린다.

파인애플

파인애플은 생것 그대로 먹어야 파인애 플의 좋은 영양소를 그대로 흡수할 수 있 습니다. 통조림으로 가공된 것은 화학 처 리를 거쳐 식감은 부드럽지만 영양 성분 이 크게 떨어지고 당 함량은 높아 칼로리 만 높아진 식품이므로 섭취에 주의해야 합니다.

29

식욕 억제 효과를 가진, 살찌지 않는 과일

자몽 훈제연어 샐러드

322kcal
10min

쌉싸래한 자몽과 부드러운 훈제연어의 만남

다이어트 식품으로 각광받고 있는 자몽. 자몽은 90% 이상이 수분으로 이루어져 있어 열량이 낮고, 신진대사를 활발히 해줍니다. 자몽 특유의 향과 나린진(naringin) 성분은 식욕을 억제해주는 효능을 가지고 있습니다. 이 밖에도 비타민 C가 풍부해 숙취 해소 및 피로 회복에 도움을 주고, 펙틴 성분은 콜레스테롤을 낮춰줘 혈관을 깨끗이 만드는 등, 자몽은 먹을수록 겉과 속이 모두 예뻐지는 과일이라 할 수 있습니다.

1 재료를 준비한다.

훈제연어 70g, 로메인 20g, 자몽 ½개, 양파 ¼개, 래디시 1개, 케이퍼 2작은술

2 그릭요거트 드레싱을 준비한다.

무가당 그릭요거트 1큰술, 하프마요네즈 1큰술, 올리고당 2작은술, 레몬즙 1작은술

3 자몽은 껍질을 제거한 뒤 반달 모양으로 자른다.

4 래디시는 깨끗이 씻어 얇게 썬다.

5 로메인은 깨끗이 씻어 먹기 좋은 크기로 자른다.

6 양파는 얇게 채썬다.

7 접시에 채소와 훈제연어, 자몽을 담고 드레싱을 얹는다.

8 ⑦에 케이퍼를 뿌린다.

Tip

자몽 먹는 법
자몽은 겉이 초록색이었다가 후숙될수록 노란색으로 변하는 청자몽과 흔히 보는 겉은 주황색에 속살이 붉고 다소 쓴맛이 나는 일반 자몽이 있습니다. 단맛이 강한 스위티, 메로골드도 자몽의 한 종류입니다. 동그란 모양에 묵직하게 무겁고 눌렀을 때 형태를 유지하는 것이 좋은 자몽입니다. 칼륨이 풍부한 자몽은 고혈압 약과 함께 먹으면 약의 대사작용을 방해할 수 있으니, 고혈압 약을 복용 중이라면 자몽 대신 오렌지를 곁들여도 좋습니다.

연어 먹는 법
고단백 저칼로리 식품이지만 콜레스테롤이 다소 높은 연어는 자몽, 올리브오일과 함께 먹으면 콜레스테롤을 낮출 수 있습니다.

30

나트륨을 배출시켜주는 칼륨이 풍부해 부종을 예방해주는
감자 브로콜리 샐러드

192kcal
20min

포슬포슬한 감자, 사각사각한 셀러리와 고소한 드레싱의 만남

나트륨을 배출시켜 부종 예방에 도움을 주는 칼륨이 쌀의 4배나 되는 감자는, 짜게 먹는 우리나라 사람들에게 간식으로 좋은 식품입니다. 찌거나 삶아도 비타민이 파괴되지 않고, 비타민 C가 사과보다 2배 정도 많아 유럽에서는 '밭에서 나는 사과'라고 부른답니다. 과유불급만 지키면 감자도 좋은 탄수화물이라는 사실, 잊지 마세요.

HOW TO MAKE

1 재료를 준비한다.

감자 1개(작은 것), 브로콜리 ¼개, 셀러리 ½대, 베이컨 1줄, 파르메 산치즈 가루 2작은술, 파슬리 가루 약간

2 메이플 마요네즈 드레싱을 준비한다.

하프마요네즈 1큰술, 메이플 시럽 1큰술, 레몬즙 ½큰술, 계핏가루 약간

3 감자는 깨끗이 씻어 껍질을 벗기고 깍둑썰기한 뒤 찜기에 15~20분가량 찐다.

4 브로콜리는 한입 크기로 잘라 끓인 물에 소금을 넣고 살짝 데친다.

5 ④는 찬물에 헹궈 물기를 뺀다.

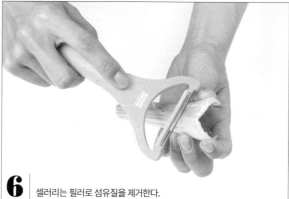

6 셀러리는 필러로 섬유질을 제거한다.

7 ⑥은 1cm 두께 정도로 자른다.

8 베이컨은 끓는 물에 살짝 데쳐 기름기와 식품 첨가물을 제거한 뒤 1cm 정도로 잘라 달군 팬에 중불로 살짝 굽는다.

9 감자, 브로콜리, 셀러리, 베이 컨을 그릇에 담아 섞는다.

10 ⑨에 파슬리가루를 넣은 드레싱을 넣어 살짝 버무린다.

감자 고르는 법
알이 굵고 형태가 균일하며 싹이 나지 않 고 살이 흰 감자를 고르세요.

감자 섭취법
감자의 씨눈과 껍질은 햇볕을 받으면 녹 색으로 변해 솔라닌(solanine)이라는 독 성물질을 만들어내므로 어두운 곳에 보관 하고 되도록 빨리 먹는 게 좋습니다. 튀길 경우, 비타민 C가 파괴되고 칼로리가 과도 하게 높아지므로 튀긴 감자는 섭취에 주 의하세요.

31

식이섬유소가 풍부해 포만감을 높여주는
고구마 메추리알 샐러드

281kcal
20min

포슬포슬한 고구마와 메추리알에 짭조름한 베이컨이 더해진 고소한 샐러드
칼로리가 낮고 포만감을 주어 다이어트를 하는 사람들에게 인기 많은 고구마는 식이섬유소가 풍부한 식품으로 변비를 예방해줍니다. 또한 장에서 콜레스테롤과 지방을 흡착배출시켜주고, 장 건강을 증진시켜 암을 예방합니다. 체내 염증을 억제해 동맥경화증을예방하는 데도 좋은 것으로 알려져 있습니다. 단백질 합성에 도움을 주는 비타민 B6가다량 들어 있어 에너지 대사에도 효과적인 식품입니다.

HOW TO MAKE

1 재료를 준비한다.

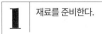

고구마 1개(작은 것), 메추리알 4
개, 베이컨 1줄, 로메인 3장, 콜리
플라워 ¼개, 파슬리 가루 약간

2 메이플 마요네즈 드레싱을
준비한다.

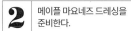

하프마요네즈 1큰술, 메이플 시럽
1큰술, 레몬즙 ½큰술, 계핏가루
약간

3 메추리알은 냄비에 10분 정
도 삶은 뒤 찬물에 담갔다가
껍질을 깐다.

4 고구마는 깨끗이 씻어 깍둑썰기한 뒤 찜기에
15~20분 정도 찐다.

5 베이컨은 끓는 물에 데친 뒤 물기를 제거하고,
1cm 두께로 잘라 달군 팬에 중불로 살짝 굽는다.

6 콜리플라워는 한입 크기로
잘라 끓는 물에 살짝 데쳐
식힌다.

7 로메인은 찬물에 씻어 먹기
좋은 크기로 자른다.

8 준비한 재료들을
그릇에 담는다.

9 ⑧에 드레싱을 올리고,
파슬리 가루를 뿌려 마무리한다.

Tip

고구마
혈당지수가 낮아 다이어트하는 사람이나
당뇨 환자들에게 좋은 고구마는 열을 가
하면 혈당지수가 높아지므로, 조리할 경
우 칼로리와 혈당지수를 생각해 섭취해야
합니다. 고구마는 단백질이 부족하므로
우유나 달걀 등 단백질 식품과 섭취하면
영양적으로 조화를 이룰 수 있습니다.

32

풍부한 식이섬유소와 베타카로틴이 풍부한

단호박 렌틸콩 샐러드

311kcal
40min

부드럽고 달콤한 단호박과 담백하고 고소한 렌틸콩의 만남
노란색 단호박은 강력한 항산화영양소인 베타카로틴, 알파카로틴(α-carotene) 등이 풍부해 활성산소를 제거해주고, 면역 기능을 높여 항암 작용을 합니다. 또한 열량이 낮고 식이섬유소가 풍부해 변비 예방 및 다이어트 식품으로 좋습니다.

1 재료를 준비한다.

단호박 ¼통, 렌틸콩 ¼컵, 사과 ¼개, 어린잎채소 20g, 레몬즙 1큰술

2 오리엔탈 드레싱을 준비한다.

간장 ⅓큰술, 식초 ½큰술, 올리고당 ½큰술, 아마씨드 ½큰술, 참기름 ½작은술

3 렌틸콩은 40분 정도 불린다.

4 단호박은 씨를 제거하고 적당한 크기로 자른 뒤 10분 정도 찐다.

5 ④는 깍둑썰기한다.

6 미리 불려둔 렌틸콩을 10분 정도 삶은 뒤 식힌다.

7 사과는 껍질째 씻어 깍둑썰기한 후, 레몬즙을 넣은 물에 담갔다가 먹기 전에 건져 물기를 제거한다.

8 어린잎채소는 찬물에 잠시 담가둔다.

9 ⑧은 체에 받쳐 물기를 제거한다.

10 단호박, 사과, 렌틸콩, 어린잎채소를 그릇에 담고 드레싱을 뿌려 마무리한다.

Tip

단호박 고르는 법
색이 짙고 단단하며 크기에 비해 무거운 것이 좋습니다. 잘 숙성된 것을 먹어야 영양이나 맛 모든 면에서 좋습니다.

렌틸콩 고르는 법
렌틸콩은 도정도에 따라 색이 다른데, 갈색은 도정하지 않은 것, 초록색은 한 번 도정한 것, 주황색은 완전히 도정한 것으로 도정을 많이 할수록 빨리 익지만 영양 면에서는 도정하지 않은 것이 더 좋습니다.

33

식이섬유소가 풍부한 식물성 단백질 식품
두부 올리브 샐러드

348kcal
15min

부드럽고 고소한 두부와 짭조름한 올리브의 담백 깔끔한 맛

밭에서 나는 쇠고기라 불리는 콩으로 만든 두부는 필수아미노산이 풍부한 식물성 단백질 식품입니다. 콩은 콜레스테롤 0%에 불포화지방산이 80% 정도 함유되어 있어 영양적으로 좋은 단백질 식품이며, 이소플라본 성분은 여성호르몬으로 알려진 에스트로겐 유사물질로 기미나 주름에 효과적인 콜라겐 대사를 활발하게 합니다. 또한 칼슘 성분은 골다공증 예방에 도움을 줍니다.

1 재료를 준비한다.

연두부 ½모, 방울토마토 5개, 오이 ⅓개, 양파 ¼개, 블랙올리브 3개, 어린잎채소 20g, 양상추 20g

2 간장 올리브오일 드레싱을 준비한다.

간장 ½큰술, 올리브오일 1큰술, 식초 ½큰술, 다진 마늘 1작은술, 메이플 시럽 ½큰술, 레몬즙 1작은술, 아마씨드 약간

3 양파는 깍둑썰기한다.

4 ③은 찬물에 10분 정도 담가 매운맛을 뺀다.

5 오이는 굵은 소금으로 박박 문질러 깨끗이 씻고 물기를 제거한 뒤 1.5cm 두께로 잘라 깍둑썰기한다.

6 방울토마토와 블랙올리브는 반으로 자른다.

7 어린잎채소는 찬물에 잠시 담가두었다가 물기를 뺀다.

8 양상추는 씻은 후 물기를 제거하고 먹기 좋은 크기로 뜯는다.

9 연두부는 사방 2cm 크기로 자른다.

10 모든 재료를 큰 그릇에 담고 만들어둔 드레싱을 뿌린다.

Tip

두부

두부, 순두부, 연두부의 차이를 결정짓는 것은 응고제로, 그 종류에 따라 질감 및 열량이 달라집니다. 순두부와 연두부는 열량(두부 79kcal, 순두부와 연두부 47kcal, 100g당)과 질감이 비슷하니 다이어트를 하는 중이라면 연두부를 섭취하는 것을 추천합니다. 콩으로 섭취할 때보다 두부로 가공해 섭취하면 콩의 소화흡수율이 높아져 체내 이용률이 높아집니다.

34

불포화지방산이 풍부해 빛나는 피부를 만들어주는

견과류 샐러드

375kcal

15min

고소하게 씹히는 견과류가 일품인 샐러드

아몬드, 호두 등 견과류는 몸에 유익한 불포화지방산이 풍부해 피부를 부드럽게 해주고, 두뇌 발달 및 성인병 예방에 도움을 줍니다. 또한 단백질과 식이섬유소가 풍부하고, 셀레늄이나 비타민 E 같은 항산화 물질이 풍부해 노화 예방에 효과적입니다.

1 재료를 준비한다.

견과류 2큰술, 고구마 1개, 빨간 파프리카 ¼개, 양상추 40g, 치커리 20g

2 그릭요거트 드레싱을 준비한다.

무가당 그릭요거트 1큰술, 하프마요네즈 1큰술, 올리고당 2큰술, 레몬즙 1작은술

3 양상추와 치커리는 찬물에 씻은 후 물기를 제거하고 먹기 좋은 크기로 뜯는다.

4 파프리카는 잘게 다진다.

5 고구마는 적당한 크기로 잘라 찜기에 10분 정도 찐다.

6 ⑤는 으깬다.

7 보울에 견과류와 양상추, 치커리를 고루 섞은 후 으깬 고구마를 한 스푼씩 떠서 올린다. 다진 파프리카와 드레싱을 뿌려 마무리한다.

Tip

견과류 먹는 법
견과류는 껍질째 먹어야 식이섬유소를 함께 섭취할 수 있습니다. 상온에 오래 보관하면 산패해 맛이 나빠지고 불쾌한 냄새가 나므로 밀폐용기에 넣어 냉동 보관하고 조금씩 덜어 먹습니다. 견과류는 몸에 좋지만 지방 함량이 높기 때문에 과량 섭취하면 위장 장애나 설사를 유발하고, 과도한 칼로리 섭취로 다이어트에 방해가 되므로 주의합니다.

견과류별 궁합이 좋은 식품
호두 + 토마토 : 토마토의 라이코펜과 호두의 불포화지방산이 흡수율을 높인다.
아몬드 + 초콜릿 : 초콜릿의 높은 당지수를 아몬드의 불포화지방산이 완화해준다.
캐슈넛 + 닭고기 : 캐슈넛의 비타민 K는 닭고기 단백질의 대사효율을 높여준다.
피스타치오 + 건포도 : 견과류 중 칼로리가 가장 낮은 피스타치오는 건포도와 함께 섭취하면 칼륨 함량이 높아져 혈압 조절 및 나트륨 배출에 도움을 준다.

35

면역력을 좌우하는 장 건강을 돕는 유산균이 풍부한
요거트 바나나 샐러드

218kcal

15min

상큼한 요거트 드레싱과 달콤한 바나나의 만남

요거트는 우유에 유산균을 넣어 우유 단백질을 응고시켜 만든 식품입니다. 독특한 풍미
와 신맛을 가진 요거트는 당내 잡균의 번식을 억제해 정장 작용을 통해 면역력을 높여
줍니다. 요거트에는 흔히 올리고당을 첨가하는데, 올리고당은 장내 세균 중 유익균인 비
피더스균을 증식시키고 유해균의 생성을 억제하며, 단맛이 적고, 설탕에 비해 칼로리가
낮아 다이어트에 도움이 됩니다.

HOW TO MAKE

1 재료를 준비한다.

바나나 ½개, 사과 ¼개, 빨간 파프리카 ¼개, 셀러리 ½대, 오이 ⅓개, 레몬즙 1큰술

2 그릭요거트 드레싱을 준비한다.

무가당 그릭요거트 1큰술, 하프마요네즈 1큰술, 올리고당 2작은술, 레몬즙 1작은술

3 사과는 껍질째 씻어 깍둑썰기 한다.

4 ③은 갈변 방지를 위해 레몬즙을 탄 찬물에 담가둔다.

5 파프리카는 네모지게 썬다.

6 셀러리는 필러로 섬유질을 제거한다.

7 ⑥은 1cm 두께로 자른다.

8 오이는 굵은 소금으로 박박 문지른 뒤 찬물에 씻어 깍둑썰기한다.

9 바나나는 껍질을 제거하고 한입 크기로 자른다.

10 그릇에 과일과 채소를 담은 뒤 드레싱을 뿌려 마무리한다.

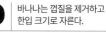

그릭요거트

요거트는 마시는 액상 요거트와 떠먹는 호상 요거트가 있습니다. 그릭요거트는 유청을 제거한 고밀도 형태의 요거트로, 몸에 좋은 유산균과 단백질 함량이 높아 다이어트에 효과적인 식품입니다. 그릭요거트는 유당 함량이 적어 우유를 소화시키지 못하고 설사하는 사람들도 섭취하기 좋지만, 일반 요거트보다 가격이 다소 비싸다는 단점이 있습니다.

요거트 고르는 법

당을 첨가하지 않고, 지방이 적은 것을 고르면 포화지방 섭취를 줄이면서 칼로리를 낮출 수 있습니다. 대개 아기들이 먹는 요거트를 선택하면 됩니다.

PART 2

1일 1주스

5 Color 디톡스 주스 15

디톡스 주스의 주재료는 여러 가지 색의 채소와 과일입니다. 채소와 과일에 들어 있는 식이섬유소와 비타민, 무기질도 우리 몸에 중요한 영양소이지만, 제7의 영양소라 불리는 식물영양소(phytochemical)는 신체기능을 조절하는 역할을 해주는 것으로 알려져 있습니다. 식물영양소는 색깔에 따라 기능이 조금씩 다르기 때문에 다양한 종류의 식물영양소를 섭취하는 것이 중요합니다. 그런데 현대인들은 시간적 여유가 없다 보니 그러기 어려운 게 사실입니다. 이런 경우, 채소와 과일을 적절히 조합해 갈아 먹으면 보다 쉽고 효과적으로 섭취할 수 있기 때문에 디톡스 주스가 주목받는 것입니다. 5가지 색깔의 채소와 과일로 만든 디톡스 주스로 건강하고 예뻐지는 하루를 시작해보세요.

Red

Young~해지고 싶다면 Red

노화를 지연시키고 암을 예방해주는 강력한 항산화영양소로 알려진 빨간색 과일과 채소! 그 안에 들어 있는 대표적인 식물영양소는 라이코펜과 엘라그산입니다. 라이코펜은 카로티노이드계 식물영양소로 토마토, 수박 등에 많이 포함되어 있습니다. 연구결과에 따르면, 강력한 항산화 작용으로 노화를 지연시키고, 남성들의 경우 전립선 암을 예방해준다고 합니다. 엘라그산은 라즈베리, 딸기, 석류 등에 포함된 영양소로 노화 지연에 도움을 줍니다.

대표적인 과일·채소 : 아세로라, 라즈베리, 딸기, 토마토, 수박, 석류, 오미자, 자두 등

토마토 석류
양배추 주스

✕
HOW TO MAKE

재료 ┃ 토마토 1개, 석류 알 ½컵, 적양배추 1장,
파인애플 링 ½개, 물 ½컵

1 ┃ 토마토는 깨끗이 씻어 8등분한다.
2 ┃ 석류는 알알이 떼내 준비한다.
3 ┃ 적양배추와 파인애플은 깍둑썰기한다.
4 ┃ 믹서에 모든 재료와 물을 넣고 갈아준다.

87kcal

노화 예방,
항암 효과

토마토(1개) 대신 방울토마토(10개)를
사용하면 좀 더 진한 맛을
느낄 수 있습니다.
조금 더 달콤하길 원한다면
파인애플이나 석류의 양을 늘리세요.

수박 참외
오이 주스

✕
HOW TO MAKE

재료 ┃ 수박 1컵(약 150g), 참외 ½개, 오이 ½개,
레몬즙 2작은술, 얼음 조금

1 ┃ 수박은 껍질과 씨를 제거하고 깍둑썰기한다.
2 ┃ 참외는 껍질을 제거한 뒤 8등분한다.
3 ┃ 오이는 굵은 소금으로 껍질을 깨끗이 닦고 한입
크기로 자른다.
4 ┃ 믹서에 수박, 참외, 오이, 레몬즙과
얼음을 넣고 갈아준다.

94kcal

이뇨 작용, 부종 예방

여름철 대표 재료인
수박 대신 아세로라,
오미자 등 붉은색 과일을
활용해도 좋습니다.

딸기 파프리카
사과 주스

HOW TO MAKE

재료 ┃ 딸기 10개, 빨간 파프리카 ½개, 사과 ¼개,
물 ⅔컵, 얼음 조금

1 ┃ 딸기는 꼭지를 제거하고 흐르는 물에 깨끗이 씻는다.

2 ┃ 파프리카는 씨를 제거하고 한입 크기로 자른다.

3 ┃ 사과는 깨끗이 씻어 씨를 제거하고 껍질째 깍둑썰기
한다.

4 ┃ 믹서에 모든 재료와 얼음, 물을 넣고 갈아준다.

92kcal

맑은 피부,
면역력 증대

냉동 딸기를 이용할
경우 살짝 녹여야 잘
갈아집니다.

Yellow
Orange

면역, 내가 지킨다

면역력을 높이고 만성질환을 예방해주는 노란색 과일과 채소! 그 안에 들어 있는 대표적인 식물영양소는 베타카로틴과 헤스페리딘입니다. 프로비타민 A 카로티노이드로 알려져 있는 베타카로틴은 체내에서 비타민 A로 전환되어 눈 건강, 면역력 향상 및 성장 발달에 중요한 역할을 합니다. 헤스페리딘은 플라보노이드계 식물영양소로 만성질환을 예방해주고 폐질환과 천식을 예방해주는 것으로 알려져 있습니다.

대표적인 과일·채소 : 당근, 단호박, 레몬, 오렌지, 귤, 파인애플 등

오렌지 자몽
셀러리 주스

HOW TO MAKE

재료 ┃ 오렌지 1개, 자몽 ½개, 셀러리 1대, 레몬즙 ½큰술,
물 ½컵

1 ┃ 오렌지, 자몽은 베이킹소다를 탄 물에 깨끗이
씻어 껍질을 제거한 뒤 과육을 발라낸다.

2 ┃ 셀러리는 깨끗이 씻어 자른다.

3 ┃ 모든 재료와 레몬즙, 물을 믹서에 넣고
갈아준다.

138kcal

체내 콜레스테롤 저하

오렌지와 자몽의 씨는
쓰고 떫은 맛이 나니 꼭
제거합니다. 오렌지 과육
에 붙어 있는 하얀 부분은
비타민 P와 식이섬유소가
풍부하므로 함께 사용하는
것이 좋습니다.

레몬 배
셀러리 주스

HOW TO MAKE

재료 | 레몬 2개, 배 ½개, 셀러리 ½대, 생강즙 2작은술,
물 ½컵

1 | 레몬은 베이킹소다를 탄 물에 깨끗이 씻은 뒤 씨를
제거하고 과육을 발라낸다.
2 | 배는 껍질과 씨를 제거한 뒤 3cm 너비로 썬다.
3 | 셀러리는 3cm 정도 크기로 자른다.
4 | 모든 재료와 생강즙, 물을 믹서에 넣고
갈아준다.

레몬의 씨와 껍질은
쓰고 떫은 맛이 나므로
과육만 사용합니다.

104kcal

소화불량 해소,
면역력 증대

당근 파프리카
파인애플 주스

HOW TO MAKE

재료 | 당근 1개, 노란 파프리카 ½개, 파인애플 링 1개,
레몬즙 1큰술, 물 ⅔컵

1 | 당근은 깨끗이 씻이 2cm 두께로 자른다.
2 | 파프리카는 꼭지와 씨를 제거하고 하얀 속살을 발라
낸 뒤 2cm 두께로 자른다.
3 | 파인애플은 2cm 폭으로 썬다.
4 | 모든 재료와 레몬즙, 물을 믹서에 넣고 갈아준다.

98kcal

*손톱 · 발톱 건강,
시력 보호*

파인애플 대신 사과로
대체해도 좋습니다.

Green

활발한 신진대사를 통해 노폐물을 배출시키는 최고의 디톡스

활발한 신진대사를 통해 노폐물을 배출시키는 최고의 디톡스

세포를 건강하게 하고 활발한 신진대사를 도와 노화를 예방하는 녹색 채소! 녹색 채소에 들어 있는 대표적인 식물영양소는 이소티오시아네이트(isothiocyanate)와 에피갈로카테킨 갈레이트(epigallocatechin gallate, EGCG)입니다. 이소티오시아네이트는 세포를 건강하게 유지해주며 위암을 예방하는 것으로 알려져 있습니다. 또한 EGCG라 불리는 폴리페놀 화합물은 녹차에 풍부하며 콜레스테롤 수치와 세포를 건강하게 유지해주는 것으로 알려져 있습니다.

대표적인 과일·채소 : 시금치, 미나리, 오이, 부추, 브로콜리, 녹차, 완두콩, 밀싹, 케일 등

밀싹 양상추
파인애플 주스

HOW TO MAKE

재료 │ 밀싹 20g, 양상추 2장, 파인애플 링 2개,
레몬즙 1큰술, 물 1컵

1 │ 밀싹은 흐르는 물에 깨끗이 씻어 잘게 자른다.
2 │ 양상추는 깨끗이 씻어 한입 크기 정도로 뜯는다.
3 │ 파인애플은 2cm 정도 크기로 자른다.
4 │ 모든 재료와 레몬즙, 물을 믹서에 넣고
　　갈아준다.

60kcal

변비 예방,
신진대사 활발

밀싹 대신
새싹채소나 시금치를
사용해도 좋습니다.

브로콜리
키위 스무디

HOW TO MAKE

재료 | 브로콜리 ¼개, 키위 2개, 그릭요거트 ¼컵, 물 ½컵

1 | 브로콜리는 밑동을 제거하고 송이만 끓는 소금물에 살짝 데쳐 식힌다.
2 | 키위는 껍질을 제거하고 먹기 좋은 크기로 썬다.
3 | 모든 재료와 그릭요거트, 물을 믹서에 넣고 갈아준다.

151kcal

소화불량 해소,
간 건강 유지

그릭요거트를 고를 때는
무가당 저지방 제품을
선택합니다.

케일 셀러리
사과 주스

✕
HOW TO MAKE

재료 | 쌈케일 5장, 셀러리 1대, 사과 ½개, 레몬 ½개,
생강즙 1큰술, 물 ½컵

1 | 케일과 셀러리는 흐르는 물에 씻어
   한입 크기로 자른다.
2 | 사과는 껍질째 깨끗이 씻어
   씨를 제거한 뒤 한입 크기로 자른다.
3 | 레몬은 과육만 발라낸다.
4 | 모든 재료와 생강즙, 물을 믹서에 넣고
   갈아준다.

케일 같은 초록잎 채소를
이용할 때는 레몬을 함께
넣으면 비릿한 풋내를
제거할 수 있습니다.

70kcal
동맥경화 예방,
면역력 증대

White

지방 분해, 내게 맡겨요

혈관을 건강하게 하고 지방대사 관련 질환을 예방해주는 흰색 과일과 채소! 그 안에 들어 있는 대표적인 식물영양소는 알리신과 케르세틴입니다. 알리신은 마늘 등에 들어 있는 황화합물로, 심장병의 위험 요소인 혈전 생성을 방지하고 이상지질혈증 같은 지방대사 관련 질환의 원인인 지단백질을 감소시키는 것으로 알려져 있습니다. 케르세틴은 사과, 양파 등에 들어 있는 식물성 플라보노이드의 한 종류로 강한 항산화력을 지닌 뛰어난 항암 물질입니다. 비만인 사람들에게 높게 나타나는 나쁜 콜레스테롤을 감소시켜주는 효능도 가지고 있습니다.

대표적인 과일·채소 : 배, 양배추, 무, 버섯, 마늘, 콜리플라워 등

양배추 사과
콜리플라워 주스

HOW TO MAKE

재료 | 양배추 ⅛개, 콜리플라워 ¼개, 사과 ½개,
레몬즙 1큰술, 물 ½컵

1 | 양배추는 깨끗이 씻고, 콜리플라워는 씻은 뒤 밑동
을 제거하고 송이만 하나씩 떼어낸다.

2 | 양배추와 콜리플라워를 끓는 물에 살짝 데친다.

3 | 사과는 껍질째 깨끗이 씻어 씨를 제거하고 한입
크기로 자른다.

4 | 모든 재료와 레몬즙, 물을 믹서에 넣고 갈아준다.

96kcal

위 보호,
항암 효과

양배추의 겉잎과 심지에는
비타민 A, 칼슘, 철분,
설포라판이 많이 함유되어 있으므로
함께 이용합니다.

배 아보카도
바나나 주스

HOW TO MAKE

재료 | 배 ¼개, 아보카도 ¼개, 바나나 ¼개,
레몬즙 1큰술, 물 ½컵, 얼음 조금

1 | 배는 껍질과 씨를 제거한 뒤 한입 크기로 자른다.
2 | 아보카도는 반 갈라 씨를 제거한 뒤 속살만 파낸다.
3 | 바나나는 껍질을 벗겨 뚝뚝 자른다.
4 | 모든 재료와 레몬즙, 물, 얼음을 믹서에 넣고
　　갈아준다. 너무 걸쭉하지 않을 정도로 농도를
　　조절하며 물을 넣는다.

172kcal

윤기 나는 피부,
변비 예방

아보카도는 불포화지방산이
포함된 과일로 칼로리가
높은 편이니 섭취량에
주의합니다.

무 레몬 생강 주스

HOW TO MAKE

재료 | 무 ⅕개, 배 ½개, 레몬 ½개, 생강즙 1작은술, 물 ½컵

1 | 무는 껍질을 제거하고 한입 크기로 썬다.
2 | 배는 껍질과 씨를 제거하고 한입 크기로 썬다.
3 | 레몬은 베이킹소다로 깨끗이 닦은 뒤 껍질과 씨를 제거하고 과육만 발라낸다.
4 | 모든 재료와 생강즙, 물을 믹서에 넣고 갈아준다.

183kcal

감기 예방, 염증 완화

가을철 무가 단맛이 가장 풍부합니다. 주스를 만든 뒤 냉장고에 넣어두었다 먹으면 더욱 맛이 좋습니다.

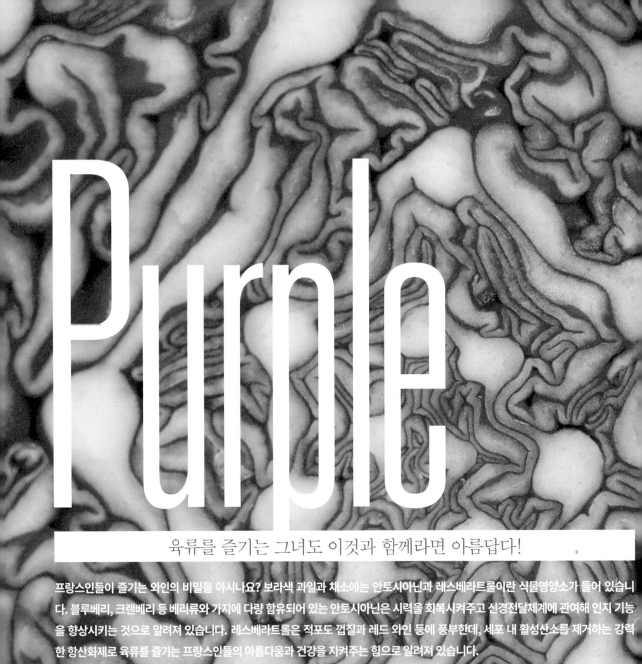

Purple

육류를 즐기는 그녀도 이것과 함께라면 아름답다!

프랑스인들이 즐기는 와인의 비밀을 아시나요? 보라색 과일과 채소에는 안토시아닌과 레스베라트롤이란 식물영양소가 들어 있습니다. 블루베리, 크랜베리 등 베리류와 가지에 다량 함유되어 있는 안토시아닌은 시력을 회복시켜주고 신경전달체계에 관여해 인지 기능을 향상시키는 것으로 알려져 있습니다. 레스베라트롤은 적포도 껍질과 레드 와인 등에 풍부한데, 세포 내 활성산소를 제거하는 강력한 항산화제로 육류를 즐기는 프랑스인들의 아름다움과 건강을 지켜주는 힘으로 알려져 있습니다.
대표적인 과일·채소 : 블루베리, 적포도, 블랙커런트, 가지, 비트, 검은콩, 라즈베리 등

블루베리
바나나 주스

✕
HOW TO MAKE

재료 | 블루베리 ½컵, 바나나 ½개, 적양배추 3장,
코코넛워터 ½컵

1 | 블루베리는 흐르는 물에 살살 씻는다.
2 | 바나나는 껍질을 제거하고 뚝뚝 자른다.
3 | 적양배추는 깨끗이 씻어 한입 크기로 자른다.
4 | 모든 재료와 코코넛워터를 믹서에 넣고 갈아준다.

179kcal

성인병 예방,
시력 보호

생블루베리가 없을 경우
냉동 블루베리를
사용해도 됩니다.

비트
키위 주스

HOW TO MAKE

재료 | 비트 ½개, 골드키위 1개, 사과 ½개, 물 1컵

1 | 비트는 물에 씻은 뒤 얇게 껍질을 깎아 한입 크기로
자른다.

2 | 키위는 껍질을 제거하고 한입 크기로 자른다.

3 | 사과는 껍질째 깨끗이 씻어 씨를 제거하고
한입 크기로 자른다.

4 | 모든 재료와 물을 믹서에 넣고 갈아준다.

121kcal

*빈혈 예방,
변비 예방*

*사과는 단맛이 많이 나는
빨간 부사를 넣으면
맛이 더욱 좋습니다.*

적포도
양상추 주스

HOW TO MAKE

재료 | 적포도 20알, 석류알 ½컵, 양상추 20g,
레몬즙 ½큰술, 물 ½컵

1 | 포도는 알알이 떼어 흐르는 물에 씻는다.
2 | 양상추는 씻어 한입 크기로 자른다.
3 | 석류는 반을 갈라 과육만 골라놓는다.
4 | 모든 재료와 레몬즙, 물을 믹서에
넣고 갈아준다.

159kcal

피로 회복,
노화 예방

포도의 레스베라트롤 성분은
껍질과 씨에 특히 많이 들어
있습니다. 껍질째 깨끗이 씻어
과육 전체를 넣는 것이
영양적으로 좋습니다.

PART 3

1일 1팩

남은 재료로 만드는 천연팩 50

1일 1팩 시대라고 할 만큼 다양한 종류의 마스크팩이 시판되고 있습니다. 그만큼 많은 사람들이 피부 관리에 신경을 쓰고 있지요! 이왕 피부를 위해 시간과 비용을 들이기로 마음먹었다면 조금의 수고를 더해 더욱 영양가 높은 피부 미용팩을 스스로 만들어보는 것은 어떨까요?

봄철의 푸릇한 채소들과 여름철의 싱그러운 과일들, 가을과 겨울의 곡물들까지 다양하고 영양 가득한 제철 재료들로 맛있게 요리해서 건강한 음식을 즐기고, 남은 식재료들로 피부의 영양을 채우는 천연팩을 만들어보세요. 자투리 재료 한 토막, 남은 과일 한 줌 정도만 있어도 눈 깜짝할 사이에 하루를 매끈하고 촉촉하게 마무리할 천연팩을 만들 수 있습니다. 건조한 날에는 꿀을 조금 더하고, 피부가 칙칙해 보이는 날에는 레몬즙 한두 방울을 넣는다거나 물 대신 우유로 대체해보는 등 피부 상태에 따라 재료의 종류와 양을 조절해보는 것도 나만의 천연팩을 만드는 좋은 방법입니다. 바쁜 하루를 마무리하며 주방에서 만든 나만의 천연팩으로 오늘 하루도 수고한 나를 격려해주고 아껴주는 시간을 가져보세요. 촉촉해진 피부는 물론 거울 속 더욱 예뻐진 나를 만날 수 있을 겁니다.

팩에
필요한
기초 지식

팩 전용 실리콘 보울이나 스패출러가 있으면 좋지만 없어도 괜찮습니다. 주방에서 쓰던 기구들을 깨끗하게 세척해서 사용하면 큰돈 들이지 않고 준비할 수 있는 것이 천연팩의 매력입니다. 그릇과 숟가락, 플라스틱 강판 하나만 있어도 홈메이드 천연팩을 만들 수 있으니 조금만 시간 내 천연팩에 도전해보세요. 무엇보다 하려는 의지가 가장 중요한 준비물입니다.

팩을 담을 그릇

천연 재료를 잘 섞을 수 있는 고무 재질의 팩 전용 그릇이 이지만, 집에서 사용하는 밥그릇 크기의 유리나 자기 그릇이면 무방합니다.

거즈(면 마스크시트)

천연팩을 얼굴에 올릴 때 사용하거나 과채즙에 적셔 간단팩으로 만들 때 사용합니다.

믹서나 플라스틱 강판

채소나 과일을 갈 때 사용하기 위한 도구로 플라스틱 강판이 이상적이나 간편하고 곱게 갈아지는 믹서를 사용해도 좋습니다.

수건 두 장(스팀타월, 냉타월)

친연팩을 하기에 앞시 모공을 열어줄 스팀타월용 수건과 천연팩을 마친 다음 세안하고 나서 열린 모공을 조여주는 냉타월용 수건이 필요합니다.

계량스푼

팩 재료를 계량할 때 필요합니다.

팩 붓이나 주걱

팩 재료를 골고루 섞거나 바르는데 필요합니다.

건성 피부

눈가나 입 주변에 잔주름이 많고, 피부에 각질이 잘 생기며, 피부에 윤기가 없고, 얼굴에 홍조기 있기니, 미스트나 기초 케어 제품을 사용할 때 빠른 시간 내 흡수되고 피부 당김이 느껴진다면 건성 피부라고 할 수 있습니다.

관리 포인트
건성 피부는 유분이 포함된 스킨 케어 제품을 고르거나, 사용하는 크림 제품에 페이스오일을 한두 방울 섞어 사용합니다. 무엇보다 충분한 수분 보충이 중요합니다.

추천팩
꿀 팩(p.209), 고구마 팩(p.176),
단호박 팩(p.179), 카카오 팩(p.221),
배 팩(p.185)

FOR
DRY SKIN

지성 피부

모공이 넓고, T존 부위가 번들거리고, 전체적으로 얼굴에 유분기가 많으며, 여드름 같은 뾰루지가 종종 올라오고, 아침에 한 화장이 오후쯤이면 쉽게 지워진다면 지성 피부라고 할 수 있습니다.

관리 포인트
지성 피부는 무엇보다 깨끗한 세안이 중요합니다. 과도한 피지 분비로 모공 속에 노폐물이 쌓여 여드름이 생기기 쉬우니 첫째도, 둘째도 꼼꼼한 세안이 필수입니다. 그렇다고 너무 자주 세안하는 것은 좋지 않습니다.

추천팩
가지 팩(p.174), 감자 팩(p.175),
토마토 팩(p.205), 레몬 팩(p.182),
딸기 팩(p.181), 커피 요거트 팩(p.222)

FOR
OILY SKIN

다양한 피부 유형 및 관리 포인트
Skin Type

복합성 피부

얼굴에 전반적으로 유분기가 있으나 입이나 눈 주위가 건조해 각질이 일어나거나, 세안 후 피부 당김이 느껴지며, 특히 환절기에 피부 당김이 더 강하게 느껴진다면 복합성 피부라고 할 수 있습니다.

관리 포인트
복합성 피부는 꼼꼼히 세안하고 유분과 수분을 보충해주는 스킨 케어 제품을 부위별로 꼼꼼히 발라줍니다. 무엇보다 수분을 충분히 보충하는 것이 중요합니다.

추천팩
시금치 팩(p.195), 참외 팩(p.204),
사과 팩(p.189), 두부 팩(p.180),
브로콜리 팩(p.187)

FOR
COMBINATION
SKIN

민감성 피부

외부 환경의 변화에 민감하게 반응해 피부가 쉽게 가렵거나 붉어지는데, 심하면 미세혈관이 붉어지기도 합니다. 또한 염증이 생기거나 뾰루지 등 트러블이 자주 생긴다면 민감성 피부라고 할 수 있습니다.

관리 포인트
처음 사용하는 스킨 케어 제품이나 천연팩은 반드시 패치 테스트를 하고, 자신의 피부에 맞는 순한 제품을 골라 사용합니다.

추천팩
수수 팩(p.216), 쌀뜨물 팩(p.217),
두유 팩(p.211), 둥굴레 팩(p.212)

FOR
SENSITIVE
SKIN

과일 껍질을 활용한 천연팩

수박, 귤, 사과 등 보통 껍질을 벗겨 먹는 과일은 알맹이만 쏙 골라 먹고 껍질은 대부분 음식물 쓰레기통에 버립니다. 그런데 '껍질에 영양분이 더 많다던데' 하는 이런 생각에 껍질을 버리기 아깝다는 마음이 듭니다. 과일을 먹기 전에 깨끗하게 세척한 뒤 껍질을 잘 이용하면 큰 비용을 들이지 않고도 알뜰하게 천연팩을 만들 수 있습니다. 과일을 먹기 전, 조금의 수고를 더해보면 어떨까요?

수박 껍질
수박 껍질의 흰 부분은 피부 진정 및 수분 공급에 도움을 주므로 여름철 햇빛에 그을린 피부에 효과적입니다.

감 껍질
감 껍질을 물과 함께 믹서에 갈아 밀가루를 섞거나 말린 감 껍질을 갈아 분말로 만들면 모공과 피부 트러블 관리에 효과적인 천연팩 재료가 됩니다.

귤 껍질
겨울철 대표 과일인 귤은 껍질을 말려 분쇄하면 피부 밸런스 조절에 도움이 되고 아토피 및 트러블 피부에 효과적인 진피 분말을 만들 수 있습니다.

사과 껍질
사과 껍질도 말려 분쇄해두면 피부에 영양을 공급할 뿐 아니라 안티에이징 효과도 있는 팩을 만들 수 있습니다.

바나나 껍질
바나나 껍질을 얼굴이나 몸에 문질러주면 피부 트러블이나 피부 보습에 도움이 되는 천연팩이 됩니다. 잘 익은 바나나 껍질을 사용하는 것이 효능이 더욱 좋습니다.

포도 껍질
깨끗하게 세척한 포도 껍질을 믹서에 갈거나 절구에 빻아 밀가루와 꿀을 섞어주면 피부 보습과 노화 방지에 효과적인 천연팩을 만들 수 있습니다.

참외 껍질
여름철 강한 햇볕에 그을린 피부에 참외 껍질을 잘라 붙이거나 깨끗하게 세척한 참외 껍질을 믹서에 갈아 올려주면 피부 진정 및 미백에 도움이 됩니다.

레몬 껍질
레몬 껍질로 즙을 내어 마지막 세안물에 몇 방울 떨어트려 레몬 워터를 만들면 피부 미백에 좋은 세안수가 됩니다.

메론 껍질
비타민 C와 수분이 많은 메론은 피부 보습과 미백에 도움이 됩니다. 버려지는 껍질 안쪽 부분을 믹서에 곱게 갈아 밀가루와 꿀을 섞어주면 피부 보습에 도움이 되는 천연팩을 만들 수 있습니다.

간단 피부팩

콘택트렌즈를 세척하기 위해 사둔 생리식염수, 베란다와 책상 위에서 공기 정화 식물로 키우고 있던 로즈마리 화분, 요리할 때 사용하던 라이스페이퍼……. 이런 것들도 천연팩으로 활용할 수 있다고? 일상생활에서 흔하게 접할 수 있는 것들도 천연팩이나 세안수로 다양하게 활용할 수 있습니다. 무엇보다 만드는 방법이 간단하기 때문에 귀차니스트들에게도 딱 좋은 초간단 천연팩이니 꼭 한 번 도전해보세요.

꿀과 랩으로 초간단 꿀입술 만들기

겨울철 입술에 각질이 일어난다면 보습이 필요하다는 신호입니다. 잠시 짬을 내 입술에 꿀을 바르고 랩을 살짝 씌워두세요. 5분만 투자하면 촉촉한 입술을 만날 수 있습니다.

라이스페이퍼로 만드는 초간단 보습팩

월남쌈을 먹을 때 쓰는 라이스페이퍼로 손쉽게 보습팩을 만들 수 있습니다. 미백과 보습 효과를 함께 누리고 싶으신가요? 우유를 미지근하게 데운 뒤 라이스페이퍼를 적셔 얼굴에 올려놓았다가 세안하면 촉촉한 피부를 만날 수 있습니다. 라이스페이퍼의 쌀 함량이 높은 제품을 고르면 더욱 좋겠지요?

녹차, 홍차로 만드는 초간단 진정팩

거즈나 마스크시트, 화장솜을 식어버린 녹차나 홍차로 적시면 초간단 진정 마스크팩이 탄생합니다. 수렴 효과가 뛰어날 뿐 아니라 피부를 진정시켜주고 트러블 케어 효과도 볼 수 있답니다. 시트지나 거즈 대신 라이스페이퍼를 사용해도 좋습니다.

생리식염수로 만드는 간단 쿨링 수분팩

마스크시트나 거즈, 화장솜을 시원하게 보관한 생리식염수로 적셔 얼굴에 올려놓으면 피부에 수분을 공급하고 쿨링 및 진정 효과를 볼 수 있습니다.

계절별 추천 팩

피부 상태는 건강 상태에 따라 달라지기도 하지만 계절과 환경에도 많은 영향을 받습니다. 해를 거듭할수록 악화되는 도심 속 공기 질과 길어지는 여름과 겨울로 피부 트러블을 호소하는 사람들이 많아지고 있습니다. 계절별 특성에 맞는 천연팩으로 피부의 건강과 아름다움을 지켜보세요.

미세먼지의 습격, 각질 관리 및
모공 속 노폐물 제거에 힘쓰기

황사와 함께 날아오는 미세먼지, 꽃가루 등으로 피부가 민감해지는 봄철, 모공 속 노폐물을 꼼꼼하게 씻어내는 것이 무엇보다 중요합니다. 미숫가루 같은 곡물 스크럽팩이나 커피 스크럽팩으로 각질 관리와 모공 관리를 해보세요. 이 외에도 소금 팩, 와인 팩, 쌀뜨물 팩, 딸기 팩, 레몬 팩 등으로 피부 청결 및 각질 관리, 보습에 신경을 쓴다면 촉촉하고 매끄러운 피부를 자랑할 수 있을 겁니다.

추천 팩 ————
딸기 팩(p.181) 피부의 각질 제거 및 미백.
레몬 팩(p.182) 미백 팩의 원조. 피부 독소 및 노폐물 제거.
미숫가루 팩(p.214) 다양한 곡물 입자로 부드럽게 스크럽할 수 있는 천연팩.
소금 팩(p.215) 살균 작용으로 피부 모공 관리 및 피지 조절.
쌀뜨물 팩(p.217) 천연팩의 대표 재료. 피부 미백과 보습에 효과적인 기본 팩.
파프리카 팩(p.207) 영양 및 수분 공급으로 피부를 촉촉하고 화사하게 해준다.

강렬한 자외선,
피부 진정 및 미백에 신경 쓰기

여름철은 강한 햇빛에 피부가 그을리거나 화상을 입기 쉬운 계절입니다. 감자 팩, 오이 팩, 수박 껍질 팩, 가지 팩, 상추 팩 등으로 낮 동안 자극 받은 피부를 진정시켜보세요. 여름은 무엇보다 지성 피부나 여드름 피부인 분들이 힘든 계절인데요. 피부 청결에 보다 신경을 쓰고 피지 조절과 트러블 진정에 도움이 되는 무 팩, 녹두 팩, 양파 팩, 우엉차 팩, 자몽 팩을 추천합니다. 그을리거나 칙칙해진 피부 톤을 밝게 해주는 레몬 팩, 브로콜리 팩, 셀러리 팩, 참외 껍질 팩 등 여름철 미백 팩도 꼭 시도해보세요.

추천 팩 ————
가지 팩(p.174) 기미와 잡티 안화. 피지 억제.
상추 팩(p.191) 피부 미백, 트러블 진정 및 예방.
무 팩(p.183) 묵은 각질 제거, 미백. 트러블 진정 및 과잉 피지 억제.
양파 팩(p.198) 피지 조절 및 여드름 완화.
자두 팩(p.202) 피부 보습 및 노화 방지. 피부 톤을 한층 밝게 해준다.
자몽 팩(p.203) 피부 진정 및 피부 미백, 트러블 케어.

계절별로 나타나는 환경 변화에 따라
도움이 될 만한 팩을 추천합니다.
계절별로 어떤 효과가 있는
천연팩을 하면 좋을지 살펴볼까요?

급격한 일교차,
피부 보습 및 각질 관리에 힘쓰기

일교차가 심한 가을 날씨는 피부도 쉽게 지치고 건조해지게 만듭니다. 습도가 급격히 낮아
지는 계절이기도 해서 무엇보다 보습에 신경을 써야 하는 시기입니다. 피부가 건조해지는
가을철, 영양 공급 및 보습에 좋은 무화과 팩, 고구마 팩, 배 팩을 해보세요. 이미 각질이 생겼
다면 수수 팩과 포도 팩, 사과 팩으로 관리하면 피부 건강에 도움받을 수 있을 겁니다.

추천 팩

포도 팩(p.208) 각질 제거 및 피부 노화 방지.
사과 팩(p.189) 피부 보습, 미백 및 피부의 잔주름 예방.
무화과 팩(p.184) 피부 보습과 및 노화 방지.
석류 팩(p.193) 피부 노화 방지.
파인애플 팩(p.206) 피부 톤을 한층 밝게 해주는 피부 미백 효과.
오렌지 팩(p.199) 피부 진정 및 보습에 좋은 대표적인 천연팩.

살을 에이는 칼바람,
피부 보습과 영양 충전하기

차갑게 뺨을 스치는 바람과 낮은 습도로 피부가 쉽게 건조해지기 쉬운 겨울철에는 피부 보
습에 더욱 신경을 써야 합니다. 우유 팩, 두유 팩, 꿀 팩 등을 수시로 해서 피부 보습에 신경 쓰
고, 단호박 팩이나 카카오 팩, 시금치 팩 등으로 건조해져 주름이 생기기 쉬운 겨울철 피부
관리에 힘써보세요. 천연팩에 꿀이나 올리브오일, 우유를 한 스푼 정도 더하면 피부 보습 효
과도 볼 수 있습니다.

추천 팩

두유 팩(p.211) 노화 방지.
꿀 팩(p.209) 피부 보습과 트러블 케어.
두부 팩(p.180) 잡티 완화. 피부 톤을 밝게 해주는 미백 및 피부 보습 팩.
단호박 팩(p.179) 보습과 노화 방지.
시금치 팩(p.195) 미백 효과, 트러블 케어 및 보습.
카카오 팩(p.221) 항산화 효과가 뛰어나 노화 방지에 효과적. 피부 보습 및 트러블 케어.

동안 피부를 위한
4주 팩 계획표

요즘에는 동안인 사람들이 많아서 사람의 얼굴만 보고 나이를 가늠하기 어렵습니다. 나이보다 젊어 보이는 데는 운동으로 다져진 탄탄한 보디라인, 뛰어난 패션 감각도 한몫하지만, 이보다 중요한 것이 있습니다. 시간을 거슬러 사는 듯한 이들 외모의 핵심은 동안, 그중에서도 나이에 비해 탄력 있고 촉촉하게 잘 가꿔진 피부 아닐까요? 주 2회 총 8가지 천연팩으로 시작하는 동안 피부 만들기를 시작해보세요.

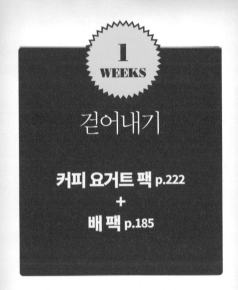

1 WEEKS

걷어내기

커피 요거트 팩 p.222
+
배 팩 p.185

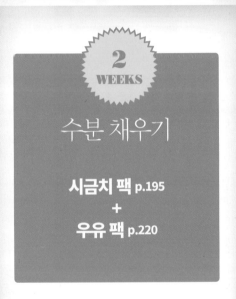

2 WEEKS

수분 채우기

시금치 팩 p.195
+
우유 팩 p.220

'진짜' 피부를 찾기 위해서는 먼저 피부 위에 있는 군더더기들을 걷어내야 합니다. 아무리 좋은 팩을 하고 에센스와 크림을 공들여 바른들 피부에 각질이 두껍게 쌓여 있다면 무슨 소용이겠어요? 신선한 재료로 만든 천연팩의 효과를 제대로 누리기 위해서는 깨끗한 클렌징과 묵은 각질 제거가 필수입니다. 입자가 고운 커피 분말로 만든 커피 요거트 팩으로 묵은 각질을 부드럽게 걷어내고 자신의 피붓결을 찾는 것으로 동안 피부 만들기를 시작합시다. 스크럽을 하고 2~3일쯤 뒤 배 팩으로 수분을 채워 피부 바탕을 만들어보세요.

묵은 각질을 제거하고 깨끗한 바탕을 만들었다면 이제는 채워야 할 때입니다. 동안 피부의 비결은 유수분 밸런스를 잘 맞추는 것인데, 무엇보다 수분을 꽉 채워 촉촉하고 탱글탱글한 피부를 유지하는 것이 중요합니다. 특히 건조해지기 쉬운 환절기나 겨울철이라면 더욱 신경을 써야 합니다. 수분이 부족하면 피부가 쉽게 건조해지고, 그로 인해 주름이 생기기 쉽습니다. 2주차에는 우유 팩과 시금치 팩으로 각질을 제거하고 수분을 보충해보세요. 2가지 천연 재료의 영양이 더해져 촉촉하고 부드러운 피부를 만날 수 있을 겁니다.

올바른 식습관과 운동,
숙면 등 기본적인 조건을 갖췄다면,
탱글탱글 동안 피부 만들기
4주 천연팩에 도전해보세요.

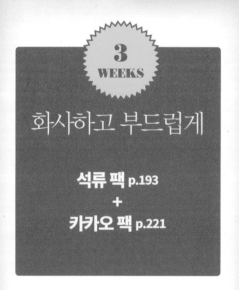

묵은 각질을 제거하고 수분을 보충하면서 2주간 피부 관리를 해왔다면 이제는 밝고 촉촉한 동안 피부를 만들 차례입니다. 안티에이징의 대표적인 천연팩인 석류 팩과 카카오 팩으로 피부 톤을 화사하게 만들고 촉촉하고 부드러운 피붓결을 만들어보세요. 2가지 재료 모두 먹어도 안티에이징 효과가 있지만 15분가량 천연팩을 하면 보다 촉촉하고 부드러운 피부를 만들 수 있습니다. 화장솜이나 마스크시트에 석류즙을 적셔 얼굴에 올려놓는 간단 팩만으로도 효과를 볼 수 있으니 번거롭다는 핑계는 금물입니다.

4주차에 접어들었다면 노화 방지는 물론 피부 영양에 신경 쓸 단계입니다. 매주 꾸준히 피붓결을 정돈하고 수분을 차곡차곡 쌓아 보다 촉촉한 피부가 되었을 터. 여기에 조금의 수고를 더해 직접 갈아낸 두유로 피부에 영양을 듬뿍줘보세요. 식품 첨가물이 없는 시판 두유를 사용해도 괜찮습니다. 피부 노화 방지에 효과적인 두유 팩으로 영양도 챙기고 피부도 탱탱하게 만들었다면, 다음은 포도 팩으로 피부를 환하게 밝혀줄 차례입니다. 영양 보충은 물론 피부 톤을 한층 밝게 해주는 포도 팩으로 동안 피부 만들기를 마무리하세요!

세상에 단 하나뿐인 나만의 클렌징 제품을 만들어보세요. 몇 가지 재료만 준비하면 주방의 조리도구와 냉장고 속 식재료로 훌륭한 클렌징 제품을 만들 수 있습니다. 특별한 솜씨가 필요한 것도 아니에요. 달걀 프라이를 만들 줄 아는 정도의 실력이면 누구나 천연 비누와 클렌징 오일을 만들 수 있습니다.

식용유로 만드는 워셔블 클렌징 오일

색조 화장을 한다면 비누 세안만으로 화장을 지우기가 힘듭니다. 이럴 때는 천연 클렌징 오일로 말끔하게 클렌징하세요. 올리브오일, 포도씨유, 카놀라유 등 집에서 사용하는 식용유에 올리브리퀴드만 섞으면 워셔블 클렌징 오일이 뚝딱 만들어집니다.

올리브리퀴드는 천연계면활성제로 오일과 물이 잘 섞일 수 있도록 도와주는 역할을 하는데, 비누 베이스와 마찬가지로 방산시장 혹은 천연 화장품이나 천연 비누 재료 판매 사이트에서 손쉽게 구매할 수 있습니다. 소량 만들어 빠른 시간 내 쓰는 것이 좋으나 한 달 이상 두고 사용하고 싶다면 천연 비타민 E를 첨가해 보존 기간을 늘릴 수 있습니다.

기름 냄새에 거부감이 든다면 라벤더, 레몬, 티트리 등 아로마에센셜오일을 몇 방울 떨어뜨리면 기분 좋은 향과 함께 아로마 테라피 효과도 누릴 수 있습니다. 클렌징 오일은 사용하기 전 흔들어야 한다는 것도 잊지 마세요.

클렌징 오일 만드는 법

엑스트라버진 올리브오일로 만드는 워셔블 클렌징 오일

재료 : 올리브오일 90ml, 올리브리퀴드 8ml, 레몬 아로마에센셜오일 2방울, 천연 비타민 E 1g, 120ml 펌프 용기

HOW TO MAKE
❶ 깨끗하게 세척해 물기를 제거한 용기를 준비한다.
❷ 용기에 올리브오일과 올리브리퀴드, 레몬 아로마에센셜오일, 천연 비타민 E를 넣고 흔든다(올리브오일 대신 포도씨유, 카놀라유, 해바라기씨유, 콩기름을 사용해도 좋다).

포도씨유로 만드는 워셔블 클렌징 오일

재료 : 포도씨유 90ml, 올리브리퀴드 10ml, 라벤더 아로마에센셜오일 5방울, 천연 비타민 E 1g, 120ml 펌프 용기

HOW TO MAKE
❶ 깨끗하게 세척해 물기를 제거한 용기를 준비한다.
❷ 용기에 포도씨유와 올리브리퀴드, 라벤더 아로마에센셜오일과 천연 비타민 E를 넣고 흔든다.

쉽게 만들 수 있고 부담 없이
선물하기에도 좋은 아이템이니
특별한 날 선물해보는 건 어떨까요?

간단 천연 비누 만들기

선크림이나 비비크림 정도의 가벼운 화장은 비누 세안
만으로도 말끔하게 클렌징할 수 있습니다. 천연팩을 하
고 남은 재료나 음식을 만들고 남은 과일, 곡물 가루
등을 활용해 나만의 맞춤 천연 비누를 만들어보는 건
어떨까요? 조금만 신경 쓰면 저렴한 비용으로 간편하
게 만들 수 있습니다. 비누 베이스를 녹인 뒤 천연 분
말이나 채소·과일즙을 넣어 굳히는 간단한 방법으로
세상에 단 하나뿐인 나만의 비누를 만들어보세요. 비
누 베이스는 방산시장의 천연 비누 재료상이나 인터넷
쇼핑몰에서 손쉽게 구매할 수 있습니다. 그 외의 도구
는 재활용품이나 주방 도구를 활용하면 됩니다. 올리
브오일이나 포도씨유, 카놀라유 등 식용유나 꿀을 첨
가하면 더욱 촉촉한 천연 비누를 만들 수 있습니다. 라
벤더, 티트리, 로즈마리 등 아로마에센셜오일을 몇 방
울 떨어트리면 향도 좋고 아로마 효과도 누릴 수 있습
니다. 단, 천연 재료로 만들기 때문에 사용기한은 1년
이내로 가급적 빠른 기한 내에 사용하는 것이 좋습니
다.

녹여 붓기 비누 만드는 방법

재료 비누 베이스, 천연 분말, 아로마에센셜오일, 글리세린
소요시간 30분~1시간

―――(**Step 1**)―――
비누 베이스를 녹인다.

비누 베이스를 녹일 때는 ❶ 유리용기에 깍둑썰기한 비누 베이스를
넣고 전자레인지에 30초 혹은 1분씩 천천히 돌리며 녹이는 방법, ❷
스텐리스 그릇에 담아 핫플레이트에 녹이는 방법, ❸ 가스레인지에
물을 끓여 중탕으로 녹이는 방법이 있다. 이때 비누 베이스가 끓지
않도록 주의한다.

―――(**Step 2**)―――
녹인 비누 베이스에 첨가물을 넣는다.

녹인 비누 베이스에 분말이나 액체류 첨가물을 넣고 잘 젓는다. 녹
인 비누 베이스 100g당 천연 분말 1~5g, 글리세린 1g, 아로마에센셜
오일 20방울 정도면 적당하다.

―――(**Step 3**)―――
굳힌 다음 적당한 크기로 썰어 사용한다.

첨가물을 넣고 잘 저은 다음 우유팩이나 종이컵, 실리콘 몰드 등에
부어 굳혀 빼낸 다음 적당한 크기로 썰어 사용한다.

카카오 올리브 비누

100% 카카오 분말로 만드는 천연 비누. 올리브오일에 카카오 분말을 개어 비누 베이스에 섞는 것으로 손쉽게 만들 수 있습니다. 피부 보습에 효과적이라 가을·겨울철에 사용하면 좋습니다.

HOW TO MAKE

재료 : 비누 베이스 100g, 100% 카카오 분말 5g, 올리브오일 5ml

1. 비누 베이스를 깍둑썰기해서 녹인다.
2. 올리브오일에 카카오 분말을 잘 섞는다.
3. 녹인 비누 베이스에 ❷를 넣어 잘 섞은 다음 비누 몰드에 부어 굳힌다.

스크럽 비누

아침 대용 혹은 여름철 간식으로 마시고 남은 미숫가루로 손쉽게 나만의 곡물 스크럽 때비누를 만들 수 있습니다. 세안 및 샤워용으로 사용해 묵은 각질을 부드럽게 제거해보세요. 꿀 한 큰술을 더하면 세안 후 보다 촉촉한 피부를 만날 수 있습니다.

HOW TO MAKE

재료 : 비누 베이스 100g , 미숫가루 5g, 꿀 5ml

1. 비누 베이스를 깍둑썰기해서 녹인다.
2. 꿀과 미숫가루를 넣어 잘 섞는다.
3. 녹인 비누 베이스에 ❷를 넣어 잘 섞은 다음 비누 몰드에 부어 굳힌다.

시금치 티트리 비누

피부 트러블로 고민이라면 시금치즙을 내어 비누를 만들어보세요. 비누 베이스에 시금치즙을 첨가하면 여드름에 도움이 되는 천연 비누가 만들어집니다. 티트리 아로마에센셜오일을 첨가하면 싱그러운 향기를 더하는 것은 물론 트러블 완화 효과를 볼 수 있습니다.

HOW TO MAKE

재료 : 비누 베이스 100g, 시금치즙 20ml, 티트리 아로마에센셜오일 20방울

1. 비누 베이스를 깍둑썰기해서 녹인다.
2. 시금치즙과 티트리 오일을 잘 섞는다.
3. 녹인 비누 베이스에 ❷를 넣어 잘 섞은 다음 비누 몰드에 부어 굳힌다.

아로니아 비누

블루베리보다 폴리페놀 함유량이 높아 최근 듬뿍 사랑 받고 있는 열매 아로니아. 아로니아 분말과 포도씨유를 첨가해 비누를 만들면 세안 후 피부 당김이 덜하고 촉촉해져 피부 노화 방지 및 보습에 도움이 됩니다.

HOW TO MAKE

재료 : 비누 베이스 100g, 아로니아 분말 5g, 포도씨유 5ml, 라벤더 아로마에센셜오일 20방울

1. 비누 베이스를 깍둑썰기해서 녹인다.
2. 포도씨유에 아로니아 분말을 잘 섞는다.
3. 녹인 비누 베이스에 ❷와 라벤더 아로마에센셜오일을 넣어 잘 섞은 다음 비누 몰드에 부어 굳힌다.

찰랑찰랑 머릿결을 부탁해

의외로 푸석푸석한 머릿결 때문에 고민인 사람이 많습니다. 좋다는 트리트먼트 제품을 써봐도 매일 머리를 감고 드라이어를 쓰다 보면 거울을 볼 때마다 푸석푸석한 머릿결에 눈살을 찌푸리게 됩니다. 잦은 파마와 염색으로 지쳐버린 머리카락에 윤기를 되찾아줄 간단하면서도 매력적인 천연 헤어팩을 몇 가지 소개합니다. 여기 소개하는 헤어팩은 두피부터 머리카락까지 깨끗하게 씻어낸 다음 물기가 약간 남아 있을 때 하는 것이 가장 좋습니다.

머릿결을 찰랑찰랑하게 해주는 영양팩

올리브오일 요거트 팩

푸석푸석한 머릿결이 고민이라면 샴푸를 마친 후 보습과 영양 공급에 도움되는 올리브오일과 플레인요거트를 1대1 비율로 섞어 푸석한 머리카락에 빗질하듯 발라주세요. 보습은 물론 영양까지 두 마리 토끼를 잡을 수 있습니다. 5~10분가량 샤워 캡을 쓰고 있습니다가 깨끗하게 샴푸합니다.

달걀 노른자 우유 팩

단백질과 영양이 풍부한 달걀 노른자 1개에 우유 100ml가량을 섞어 푸석푸석한 머리카락에 빗질하듯 발라 5~10분 뒤 깨끗하게 씻어냅니다. 모발의 길이에 따라 비율에 맞춰 천연팩을 만듭니다. 미온수로 꼼꼼하게 샴푸하는 것도 잊지 마세요.

다시마 팩

다시마를 우려낸 물로 머리카락을 헹궈내는 것만으로도 차분한 머리카락을 만날 수 있습니다. 머리를 감는 동안 한쪽에 따뜻한 물을 준비해 다시마 한두 조각을 넣어 우려낸 다음 마지막 헹굼물로 사용하면 간단하게 윤기 나는 머릿결을 만들어줄 천연 헤어팩이 만들어집니다. 단, 다시마는 깨끗하게 씻어 염분을 제거한 뒤 사용하세요.

비듬과 두피 각질, 탈모를 해결할 수 있는 두피팩

달걀 흰자 팩

달걀 흰자를 따로 분리해 발라주면 두피의 유분 및 각질을 제거하고 영양을 공급해 건강한 두피를 만드는 데 도움이 됩니다. 달걀 흰자를 풀어 두피에 골고루 발라준 다음 10분가량 샤워캡을 쓰고 있다가 미온수로 두피가 깨끗해질 때까지 꼼꼼하게 헹궈냅니다.

양배추 녹차 팩

양배추와 녹차는 두피의 노폐물과 독소를 제거하는 데 도움이 되는 재료입니다. 특히 두피 각질과 비듬, 기름기가 많은 모발 때문에 고민인 사람들에게 추천합니다. 양배추를 깨끗하게 세척한 후 믹서에 갈아 면포에 즙을 걸러낸 다음, 식힌 녹차와 1대1로 섞어 스프레이 용기에 넣어 두피와 머리카락에 골고루 뿌려주고 10분가량 샤워캡을 쓰고 있다가 깨끗하게 씻어 헹궈냅니다.

● **에센셜오일 활용하기**

양배추나 달걀, 올리브오일 등 재료의 냄새로 인해 헤어 팩 하는 게 망설여진다면 라벤더나 로즈마리 아로마에센셜오일을 한두 방울 더해보세요.

팩 하기 전 알아두어야 할 원칙

Q&A

1일 1팩을 외치며 매일 저녁 열심히 각종 합성 보존료와 향료가 들어 있는 마스크시트팩을 얼굴에 붙이고 있던 당신! 조금 번거롭더라도 피부에 좋은 진짜 천연팩을 직접 만들어 사용하겠다고 마음먹긴 했는데, 막상 천연팩을 만들려고 하니 재료부터 방법, 횟수까지 어떻게 해야 할지 알쏭달쏭 궁금한 것이 많으시다고요? 천연팩을 하기에 앞서 누구나 궁금해하는 내용을 하나하나 짚어봅시다.

Q 천연팩은 일주일에 몇 번이나 하는 게 좋을까요?

A 팩의 종류에 따라 조금씩 차이가 있습니다. 스크럽 팩은 자주 하면 피부에 자극을 줄 수 있기 때문에 피부 타입에 따라 일주일에 1~2회 정도가 적당합니다. 밀가루나 곡물 가루 등을 섞어서 만드는 천연팩 또한 일주일에 1~2회 정도가 적당합니다. 너무 자주 하면 피부에 과한 영양과 자극을 주어 오히려 트러블을 유발할 수도 있으니 적당한 횟수를 지키는 것이 중요합니다. 다만, 쌀뜨물이나 시금치 데친 물, 녹차나 허브 티를 우려낸 물 등으로 세안하는 것은 자주 할수록 좋습니다.

Q 팩 하는 시간은 어느 정도가 적당한가요?

A 천연팩은 15분 정도 하는 것이 좋습니다. 너무 오래 하면 얼굴의 열기 때문에 팩의 수분이 증발하면서 굳어지는데, 천연 재료로 만든 팩이니만큼 산화되어서 때문에 피부에 좋지 않은 영향을 줄 수 있습니다. 안티에이징 팩을 했는데 되레 주름을 만들 수도 있는 것이지요. 또 하나, 천연팩은 마르기 전에 깔끔하게 씻어내야 한다는 것을 잊지 마세요.

Q 팩 하기 좋은 시간대가 있나요?

A 자외선에 노출되는 낮을 피해 저녁에 하는 것이 좋습니다. 말끔하게 세안한 뒤 천연팩을 하고 숙면을 취하면, 다음 날 아침 보송보송하고 촉촉한 피부를 만날 수 있을 겁니다.

Q 남은 팩은 어떻게 해야 하나요?

A 천연팩은 가급적 한 번 사용할 분량만 만드는 것이 좋지만, 너무 많이 만들었다면 꼭 밀폐용기에 넣어 냉장 보관해야 합니다. 냉장 보관하더라도 1~2일 내 모두 사용해야 합니다. 필요한 양만큼 만들어 신선한 팩을 하는 것이 가장 좋다는 것을 꼭 기억해두세요.

Q 팩 한 후 세안 및 기초 케어 화장품의 사용법을 알려주세요.

A 흔히 화장은 하는 것보다 지우는 것이 중요하다고 말하지요. 이는 천연팩에도 적용되는 말입니다. 팩을 한 다음에는 팩의 잔여물이 남지 않도록 깨끗하게 세안하는 것이 그 무엇보다 중요합니다. 팩의 잔여물이 피부에 남아 트러블을 일으킬 수도 있으니 꼼꼼한 세안은 필수입니다. 세안한 뒤에는 냉장고에 넣어둔 차가운 수건을 얼굴에 1분가량 올려둬 모공을 조여준 다음, 화장솜에 스킨을 덜어 피붓결대로 닦아 팩의 잔여물이 남지 않도록 꼼꼼하게 정리한 뒤 얼굴 전체를 톡톡 두드려 흡수시킵니다. 마지막으로 평소 사용하는 기초 화장품을 발라 피붓결을 정돈하면 보다 맑아진 피부를 만날 수 있을 겁니다.

Q 팩 한 뒤 랩으로 덮어주면 흡수가 잘되고 자극도 덜하다는 이야기가 있는데, 정말인가요?

A 팩을 한 뒤 랩을 씌우는 것은 천연팩이 공기와 접촉하는 것을 막아 팩이 건조되거나 산화되는 것을 방지하려는 것입니다. 이 책에 소개된 대로 15분 정도 팩을 하면 천연팩이 건조될 리 없지만, 개인의 체질이나 환경에 따라 차이가 있을 수 있으니 천연팩을 한 뒤 랩으로 살짝 덮어주어도 무방합니다.

01 가지 팩

기미 제거·피지 억제
(붉은 피부·여드름 피부)

따뜻한 봄날 모종 3개를 심으면 추석이 지난 늦가을까지 한 식구가 실컷 맛볼 수 있을 만큼 수확량이 많은 작물이 가지입니다. 그만큼 흔히 접할 수 있는 식재료인 가지는 중국의 대표 미인 양귀비의 피부 관리에도 즐겨 사용되었다니 앞으로 요리를 만들고 남은 가지를 피부 미용에 써보는 것은 어떨까요? 동안 피부를 위한 가지 팩도 좋지만 남은 가지를 말려두었다가 우려낸 물로 세안해도 피부 미용에 도움이 됩니다.

가지는 기미, 주근깨를 제거하고 피부의 과다한 피지 분비를 억제하는 효과가 있으니 가지가 수확되기 시작할 때부터 꾸준하게 가지 팩을 하면 여름철 그을린 피부의 잡티 제거와 피지 억제에 도움을 받을 수 있을 겁니다.

가지 차로 세안하기
말린 가지를 프라이팬에 중불로 덖어낸 뒤 주전자에 넣어 끓이거나 끓는 물에 우려낸 가지 차는 구수한 맛도 일품이지만 항산화물질이 풍부해 피부 미용에도 좋습니다. 가지 차를 충분히 식힌 후 세안 마지막 단계에 사용하면 피부 보습은 물론 항염 작용으로 피부 트러블 예방에도 효과적입니다.

HOW TO MAKE

재료 : 가지 작은 것 ½개, 우유 2큰술, 밀가루 2큰술

Step 1
깨끗하게 씻은 가지와 우유를 믹서에 넣어 간다.

Step 2
①에 밀가루를 넣어 흘러내리지 않을 정도로 적당한 농도를 맞춘다. 밀가루 대신 항염 작용이 있는 녹두 분말을 사용하면 더욱 좋은 효과를 볼 수 있다.

Step 3
가지 팩을 얼굴에 바른다.

Step 4
10~15분 후 미온수로 깨끗하게 씻어낸다.

감자 팩

피부 진정·미백
(지성 피부·여드름 피부)

감자는 비타민 C와 칼륨이 풍부해 염증을 가라앉히는 데 뛰어난 효과가 있습니다. 기미와 잡티를 옅게 하는 미백 효과와 피부 진정 효과도 있어 인기 있는 천연팩 재료이기도 합니다. 지성 피부 및 여드름 피부에도 도움이 됩니다. 구하기 쉽고 가격이 저렴하며 영양이 풍부하고 맛도 좋아 예로부터 우리네 식탁에서 주식으로, 때론 간식으로 빠지지 않는 식재료입니다. 감자는 햇빛을 받으면 초록색으로 변하므로 보관 시 조심해야 합니다. 감자 싹에는 독성이 있기 때문에 손질할 때 모두 제거하고 껍질이 녹색 빛을 띤 감자는 먹지 않는 것이 좋습니다.

주의 : 감자 눈에는 솔라닌이라는 독성물질이 들어 있으므로 깨끗하게 씻은 뒤 껍질과 눈을 모두 제거하고 사용합니다.

초간단 감자 슬라이스 팩
곱게 간 감자에 밀가루와 꿀 혹은 우유를 섞어 팩을 만들기가 번거롭다면 껍질 벗긴 감자를 얇게 썰어 얼굴이나 팔다리에 붙이는 것도 괜찮습니다. 감자의 수분이 마르기 전에 떼어내고 미온수로 씻어냅니다.

HOW TO MAKE

재료 : 감자 ½개, 밀가루 2큰술, 꿀 1큰술

Step 1
깨끗하게 씻은 감자는 껍질과 눈을 모두 제거한다.

Step 2
감자는 강판이나 믹서에 곱게 간다.

Step 3
②에 밀가루와 꿀을 섞어 흘러내리지 않을 정도로 적당한 농도를 맞춘다.

Step 4
15~20분 후 미온수로 깨끗하게 씻어낸다.

03
고구마 팩
미백
(건성 피부)

담백하고 달콤한 고구마는 식이섬유소가 풍부해 포만감을 느끼게 해주기 때문에 건강과 다이어트에 관심이 많은 사람들이 즐겨 먹는 음식입니다. 베타카로틴과 비타민 C가 풍부한 대표적인 알칼리성 식품으로, 성인병 예방에 효과적이며 셀룰로오스(cellulose)가 많이 함유되어 있어 장 운동을 활발하게 해줘 변비에도 효과적입니다.

예로부터 감자와 함께 식사 대용품으로 사랑받아온 고구마는 다양한 음료와 디저트의 주재료로 활용되며, 어린아이부터 어른까지 폭넓게 좋아하는 식재료이기도 합니다. 열에 의한 영양분 손실이 적어 부침이나 튀김, 샐러드, 볶음 등으로 밑반찬부터 간식까지 다양하게 활용할 수 있습니다. 이처럼 고구마는 건강에 좋은 식재료이기도 하지만, 비타민 C가 풍부해 잡티 예방 및 피부 미백에 효과적인 미용 재료이기도 합니다. 피부를 한층 환하게 만들어주는 쌀뜨물과 밀가루, 그리고 보습력을 높여주는 꿀을 더하면 더할 나위 없이 훌륭한 천연팩이 탄생합니다.

HOW TO MAKE

재료 : 고구마 ½개, 쌀뜨물 1큰술, 밀가루 2큰술, 꿀 ½큰술

Step 1
깨끗하게 씻은 고구마는 껍질을 벗긴 후 강판이나 믹서에 간다.

Step 2
①에 쌀뜨물과 밀가루, 꿀을 섞어 흘러내리지 않을 정도로 적당한 농도를 맞춘다.

Step 3
고구마 팩을 얼굴에 바른다.

Step 4
15~20분 후 미온수로 깨끗하게 씻어낸다.

04

귤 팩

미백·보습
(트러블 피부)

새콤달콤 맛있는 귤은 껍질에 좋은 성분이 많이 포함돼 있어 버릴 것이 없는 과일입니다. 식촛물에 깨끗하게 씻은 다음 바싹 말린 귤 껍질은 차를 끓여 마시거나 믹서에 갈아 분말로 만들어 천연팩을 만들어도 좋습니다. 귤 껍질을 말리는 게 번거롭다면 귤 과육을 믹서에 갈아 비타민 가득한 영양 주스로 즐기고 남은 과즙에 미백에 도움이 되는 밀가루와 보습에 효과적인 꿀을 넣어 천연팩을 만들어보세요. 보다 환해진 피부를 확인할 수 있을 겁니다.

귤 껍질 세척법
유기농이나 저농약 귤을 구매해 식촛물에 10여 분간 담갔다가 흐르는 물에 깨끗하게 세척한 뒤 사용합니다.

귤 껍질 이용
❶ **차로 마시기** 말린 귤 껍질을 차로 우려내 마시면 감기 예방에 효과가 있습니다.
❷ **세안하기** 마시고 남은 귤 껍질 차를 세안 시 사용해보세요. 트러블 예방에 도움이 됩니다.
❸ **반신욕하기** 귤 껍질을 욕조에 넣고 우려 반신욕을 하면 피부를 부드럽고 윤기 있게 만들어줍니다.

귤 껍질 팩(진피 팩) 만들기
❶ 바싹 말린 귤 껍질을 믹서에 곱게 간다.
❷ 곱게 간 귤 껍질 분말 2큰술, 플레인 요거트 2큰술, 꿀 1큰술을 넣고 흘러내리지 않을 정도로 적당한 농도를 맞춘 후 얼굴에 바른다.
❸ 15분 후 미온수로 깨끗하게 씻어낸다.

HOW TO MAKE

재료 : 귤 1개, 밀가루 2큰술, 꿀 1큰술

―― **Step 1** ――
껍질을 벗긴 귤을 믹서에 간다.

―― **Step 2** ――
①에 밀가루와 꿀을 넣고 흘러내리지 않을 정도로 적당한 농도를 맞춘다.

―― **Step 3** ――
귤 팩을 얼굴에 바른다.

―― **Step 4** ――
15분 후 미온수로 깨끗하게 씻어낸다.

05

깻잎 팩

기미 제거·미백·노화 방지
(모든 피부)

비타민과 무기질, 식이섬유소가 풍부한 깻잎은 육류와 영양적으로 균형이 맞아 보통 쌈 채소로 먹지만, 장아찌나 김치, 전, 샐러드 등의 부재료로 이용하거나 찌개나 탕 등에 썰어 넣어 향을 더하기도 합니다. 깻잎은 영양 성분 또한 훌륭합니다. 비타민 손실이 많은 흡연자들이 꼭 챙겨 먹어야 하는 채소이기도 하고, 위염 및 위암에 효과적이라 위장에 문제가 있는 사람은 자주 섭취하면 좋습니다. 양배추와 깻잎을 얇게 채썰어 얼음물에 담가 쓴맛을 제거한 후 드레싱을 넣고 버무리면 아삭하고 향긋한 샐러드가 만들어집니다. 으깬 두부와 기름을 꾹 짜낸 참치, 다진 양파를 버무린 다음 깻잎 안에 한 큰술 넣고 반으로 접고 달걀 옷을 입혀 부치면 아이들이 좋아하는 반찬이 됩니다. 요리하고 남은 깻잎 몇 장을 쌀뜨물과 함께 갈아 깻잎 고유의 향이 가득한 천연팩을 만들어보세요. 깻잎은 비타민 A와 C가 풍부해 피부 노화 방지에 효과적이며, 기미와 주근깨를 완화하는 데 도움을 주는, 피부 미백에 좋은 천연팩 재료입니다.

HOW TO MAKE

재료 : 깻잎 7~10장, 쌀뜨물 4큰술, 밀가루 2큰술

Step 1

깨끗하게 씻은 깻잎은 꼭지 따서 씻은 다음, 적당한 크기로 썰어 믹서에 쌀뜨물과 함께 간다.

Step 2

①에 밀가루를 넣어 흘러내리지 않을 정도로 적당한 농도를 맞춘다.

Step 3

깻잎 팩을 얼굴에 바른다.

Step 4

15~20분 후 미온수로 깨끗하게 씻어낸다.

06
단호박 팩

보습·주름 예방
(건성 피부)

단호박은 식이섬유소가 풍부하고 적은 양으로도 포만감을 느낄 수 있는 데다 지방 함량이 낮아 다이어트에 도움이 되는 미용 식품입니다. 영양 면에서도 훌륭하고 단맛이 강해 죽이나 수프, 샐러드, 주스, 튀김이나 찜 요리에도 잘 어울립니다. 각종 무기질과 비타민, 베타카로틴이 풍부해 항산화 작용이 뛰어난 단호박은 특히 거칠어진 피부에 수분을 공급해줘 주름을 예방하는 것으로 알려져 있습니다. 먹어도 발라도 피부 미용에 도움이 되는 단호박, 적극 이용해보세요.

간단한 단호박 손질법
단단해서 손질하기 어려운 단호박. 조금만 신경 쓰면 쉽게 손질할 수 있습니다. 깨끗하게 씻은 후 전자레인지에 3분 정도 익힌 후 적당히 6~8등분해 다시 전자레인지에 3~5분 정도 익힌 다음 껍질을 깎습니다.

단호박 가루 팩
요리 재료로 사용되는 단호박 가루가 있다면 좀 더 쉽게 단호박 팩을 할 수 있습니다. 단호박 가루 1큰술, 쌀뜨물 4큰술, 꿀 1큰술을 개어 흘러내리지 않을 정도로 적당히 섞으면 단호박 가루 팩이 완성됩니다.

HOW TO MAKE

재료 : 익힌 단호박 ⅙개, 우유 3큰술, 꿀 1큰술, 밀가루 1큰술

Step 1
익힌 단호박을 적당한 크기로 잘라 우유와 함께 믹서에 간다.

Step 2
①에 꿀과 밀가루를 섞어 흘러내리지 않을 정도로 적당한 농도를 맞춘다.

Step 3
단호박 팩을 얼굴에 바른다.

Step 4
15분 후 미온수로 깨끗하게 씻어낸다.

07

두부 팩

기미 · 미백 · 보습 ·
주름 완화
(모든 피부)

밭에서 나는 쇠고기라고 할 만큼 단백질 함량이 높아 다이어트에 효과적인 두부는 영양 면에서도 훌륭하고 맛도 고소하고 담백해 어떤 요리에나 잘 어울리는 훌륭한 재료입니다. 특히 운동한 후 과일이나 견과류, 요거트, 우유 등과 함께 갈아서 건강한 단백질 음료로 즐기기도 합니다. 오늘 저녁, 시간을 내 두부 팩을 만들어보면 어떨까요? 천연팩의 기본 재료인 꿀과 밀가루만 있어도 피부를 한층 밝게 해주는 두부 팩을 만들 수 있습니다. 햇빛에 노출되어 기미나 잡티가 생겼을 때 두부 팩을 하면 피부를 한층 밝게 해주고 피부 보습에 도움을 주어 잔주름을 완화하거나 예방하는 데 효과적입니다.

주의 : 두부는 간수 및 식품 첨가물이 포함되어 있으므로 팩으로 사용할 때는 30분간 물에 담갔다가 깨끗하게 여러 번 씻어낸 후 이용합니다.

Tip

두부 마요네즈 팩
두부 ½모와 우유 ½컵, 레몬즙 ½개 정도를 믹서에 갈아 두부 마요네즈를 만들어 감자 샐러드나 고구마 샐러드를 버무릴 때 활용해보세요. 이때 레몬즙을 넣기 전 우유와 두부만 넣어 만든 두부마요네즈를 2큰술만 피부에 양보하세요. 피부 보습은 물론 미백 효과까지 누릴 수 있는 간단한 천연팩이 됩니다. 밀가루를 섞어 적당한 농도로 조절해 얼굴에 바르고 15분 후 미온수로 깨끗하게 씻어내면 됩니다.

HOW TO MAKE

재료 : 두부 ¼모, 꿀 1큰술, 밀가루 1큰술

Step 1
두부는 30분간 생수에 담갔다가 흐르는 물에 통째로 여러 번 씻어 으깨거나 믹서에 간다.

Step 2
①에 꿀과 밀가루를 섞어 흘러내리지 않을 정도로 적당한 농도를 맞춘다.

Step 3
두부 팩을 얼굴에 바른다.

Step 4
15~20분 후 미온수로 깨끗하게 닦아낸다.

08

딸기 팩

미백·각질 제거
(지성 피부·여드름 피부)

과일의 여왕이라고 불리는 봄철 딸기는 맛과 향이 풍부할 뿐만 아니라, 영양 성분도 훌륭합니다. 비타민 C 함유량이 높아 딸기를 8개 먹으면 비타민 C 하루 권장량을 섭취할 수 있을 정도입니다. 신선한 딸기는 맛있게 즐기고 많이 익어 물렀거나 요리하고 남은 딸기 서너 개 정도만 피부에 양보하세요. 딸기의 풍부한 비타민과 수분, 영양소로 봄철 피로에 지친 몸뿐만 아니라 피부에도 활력을 불어 넣을 수 있습니다. 딸기에 함유된 비타민은 피부의 각질 제거 및 미백에 효과적이며, 특히 번들거리는 지성 피부, 여드름 피부에 도움이 됩니다. 봄철 맞이 천연팩으로 강력 추천합니다.

피부가 칙칙하다면?
피부에 각질이 많고 칙칙해서 고민이라면 피부 미백에 효과적인 레몬즙을 ½큰술 정도 첨가하면 도움이 됩니다.

피부가 민감하다면?
피부가 민감합니다면 피부 진정 효과가 있는 플레인 요거트를 첨가해 팩을 만든 다음 패치 테스트를 한 후 사용합니다.

딸기 우유 · 딸기청 팩
딸기를 설탕이나 꿀에 1대1 비율로 개어 만든 딸기청에 우유를 넣어 만드는 딸기 우유가 유행하고 있습니다. 이렇게 만든 딸기 우유 혹은 딸기청에 적당량의 밀가루를 개어 팩을 만들어도 간단하게 피부 미백에 도움이 되는 딸기 천연팩이 만들어집니다.

HOW TO MAKE

재료: 딸기 3~4개, 밀가루 2큰술

Step 1
딸기는 깨끗하게 씻어 꼭지를 제거한 뒤 으깨거나 믹서에 간다.

Step 2
①에 밀가루를 넣어 흘러내리지 않을 정도로 적당한 농도를 맞춘다.

Step 3
딸기 팩을 얼굴에 바른다.

Step 4
15~20분 후 미온수로 깨끗하게 씻어낸다.

09

레몬 팩

미백
(지성 피부)

땀을 많이 흘리는 여름철에는 체내에 부족한 비타민과 수분을 보충해주고, 겨울철에는 피로 회복과 면역력을 키우는 데 도움을 주는 레몬 차. 레몬 차를 만들 때 레몬을 반 개 정도 남겨두었다가 얼굴에 화사한 조명을 켜보세요. 레몬은 비타민 C가 풍부해 피부에 활력을 줄 뿐만 아니라 피부 미백에 도움이 되며, 피부 독소와 노폐물을 제거하는 데도 효과적입니다. 또한 피지 생성 및 피지 분비를 조절하며, 모공 케어에도 도움이 됩니다.

주의 : 민감성 피부라면 레몬 팩은 피하는 것이 좋습니다. 팔 안쪽에(윗팔) 10분 정도 패치 테스트를 해보고 이상이 없을 경우 팩을 합니다.

HOW TO MAKE

재료 : 레몬 ½개, 밀가루 2큰술

Step 1
레몬은 깨끗하게 씻어 반을 가른 뒤 즙을 낸다. 씨가 있으면 제거한 뒤 즙만 거른다.

Step 2
레몬즙에 밀가루를 섞어 흘러내리지 않을 정도로 적당한 농도를 맞춘다.

Step 3
레몬 팩을 얼굴에 바른다.

Step 4
10분 뒤 미온수로 깨끗이 씻어낸다.

레몬즙으로 세안하기
여름철 그을린 피부 미백에 도움이 되는 초간단 레몬즙 세안. 일주일에 1~2회가량 저녁 세안 마지막 단계에 세면대에 받은 물에 레몬즙을 몇 방울 떨어트린 다음 세안하고 마무리합니다.

— 10 —

무 팩

피부 진정 · 미백
(지성 피부 · 여드름 피부)

시원한 동치미, 아삭한 깍두기, 꼬들꼬들한 무말랭이, 고소하고 얼큰한 뭇국 등의 음식으로 오랫동안 사랑받아온 무는 예로부터 한방 약재로 사용될 만큼 다양한 약리 효과를 지닌 것으로도 유명합니다. 가래를 삭히고, 체내의 열을 내리며, 해독 작용을 하는 무는 붓기를 가라앉히고, 가려움증을 멎게 하며, 각질 제거 및 과잉 피지를 억제해 피부를 윤나게 합니다. 또 피부를 희고 부드럽게 만들어주기도 합니다. 특히 지성 트러블 피부를 진정시키는 효과가 뛰어나 여드름으로 고민인 사람들에게 권합니다. 무를 갈아 밀가루와 꿀을 더해 만든 천연팩은 묵은 각질 제거와 미백 효과가 뛰어납니다.

주의 : 무의 매운 성질로 인해 따끔거릴 수도 있으니 패치 테스트를 한 후 이용합니다.

무를 스킨으로 활용하기
밀가루를 섞지 않고 무즙만 따로 걸러내 시트지나 화장솜에 적셔 10~15분간 얼굴에 올려둔 다음 스킨처럼 두드려 흡수시켜도 좋습니다. 무말랭이를 마른 프라이팬에 볶아 차로 마시면 감기를 예방하는 데 도움이 됩니다. 미지근해진 무말랭이 차로 세안을 하거나 시트지에 적셔 팩을 하면 트러블 케어에 도움이 됩니다.

HOW TO MAKE

재료 : 무 60~80g(주먹 절반 크기), 밀가루 2큰술, 꿀 1큰술

Step 1
무는 적당한 크기로 썰어 믹서에 간다.

Step 2
①에 밀가루와 꿀을 섞어 흘러내리지 않을 정도로 적당한 농도를 맞춘다.

Step 3
무 팩을 얼굴에 바른다.

Step 4
20분 후 미온수로 깨끗하게 씻어낸다.

— 11 —

무화과 팩

피부 보습·노화 방지
(건성 피부)

무화과는 단백질 분해 효소가 있어 소화를 돕는 과일로 유명합니다. 특히 식이섬유소가 풍부해 변비 개선에 도움을 주고, 항산화 효과가 있어 피부 미용과 노화 방지에 도움이 됩니다. 크림치즈와 달콤한 꿀, 향긋한 무화과를 곁들여 브런치를 즐겨보세요. 잘 익은 무화과의 과육을 으깬 다음 꿀을 약간 더한 뒤 크림치즈를 섞으면 부드럽고 감미로운 무화과 크림치즈 스프레드가 완성됩니다. 식빵이나 바게트에 발라 맛있는 브런치를 즐기고, 남은 과육으로는 피부 보습과 노화 방지에 도움이 되는 무화과 팩을 만들어보세요.

주의 : 무화과를 씻을 때는 과육이 벌어진 부분에 물이 들어가지 않도록 주의합니다.

무화과 잎 활용하기
무화과 잎을 말려 차로 끓여 마시면 건강에 도움이 됩니다. 또한 무화과 잎차로 반신욕을 하거나 족욕, 세안 등을 하면 보습과 노화 방지에 도움이 됩니다.

HOW TO MAKE

재료 : 무화과 1개, 밀가루 ½큰술, 꿀 ½큰술

Step 1
무화과는 깨끗하게 씻어 껍질째 믹서에 간다(껍질째 갈아 천연팩을 만드는 것이 좋지만 요리하다가 남은 무화과가 있다면 과육에 꿀과 밀가루를 넣어 만들어도 좋다).

Step 2
①에 밀가루와 꿀을 넣어 흘러내리지 않을 정도로 적당한 농도를 맞춘다.

Step 3
무화과 팩을 얼굴에 바른다.

Step 4
10~15분 후 미온수로 깨끗하게 씻어낸다.

— 12 —

배 팩

수분 공급
(건성 피부)

배는 수분 함량이 높고 칼로리가 낮아 비만인 사람의 건강 관리에 도움이 되는데, 특히 배에 풍부한 펙틴은 혈중 콜레스테롤 수치를 낮추고 변비를 예방하는 데 도움을 줍니다. 건강 관리를 위해 배즙을 만들어 일부는 마시고 일부는 피부를 촉촉하게 해주는 배팩을 만들어보세요. 차가운 바람이 불기 시작하는 가을철, 푸석하고 건조해진 피부에 수분을 가득 머금은 시원하고 알찬 배가 피부에 수분과 영양을 공급해줘 지친 피부에 활력을 불어 넣어줄 겁니다. 시원한 배를 갈아 팩을 하면 피부 보습뿐만 아니라 피부 진정 효과도 얻을 수 있습니다. 여름철, 햇빛에 달아오른 피부를 진정시키는 데도 효과적입니다.

HOW TO MAKE

재료 : 배 1/5개, 밀가루 2큰술, 꿀 1큰술

Step 1
배는 깨끗하게 씻어 껍질 벗긴 뒤 믹서나 강판에 간다.

Step 2
①에 밀가루와 꿀을 넣고 흘러내리지 않을 정도로 적당한 농도를 맞춘다.

Step 3
배 팩을 얼굴에 바른다.

Step 4
15~20분 후 미온수로 깨끗하게 씻어낸다.

간단 배즙 팩
배즙에 거즈나 화장솜, 시트지를 적셔 얼굴에 올려 팩을 합니다. 피부에 부족한 수분 보충을 보충해주는 것은 물론 피부 진정 효과도 얻을 수 있습니다. 이때 배즙에 꿀을 살짝 섞으면 피부 영양 및 보습에 도움이 됩니다.

13

복숭아 팩

미백·보습
(모든 피부)

햇살이 뜨거워지기 시작하면 복숭아를 만날 때가 다가온다는 뜻이기도 합니다. 복숭아를 오래 두고 맛보기 위해 가정에서 손쉽게 할 수 있는 것이 바로 복숭아 병조림 만들기 아닐까요? 껍질 벗긴 복숭아를 먹기 좋은 크기로 썰어 냄비에 보글보글 끓인 설탕물과 버무려 열탕 소독한 유리병에 넣어 밀봉하면 겨울에도 달콤한 여름날의 복숭아를 맛볼 수 있습니다.

말캉말캉 부드럽고 달콤한 복숭아는 맛과 영양도 좋지만, 여름철 뜨거운 햇살에 그을려 지친 피부를 회복시키는 데도 효과적입니다. 복숭아에 피부를 밝게 해줄 오트밀 가루와 보습에 효과적인 꿀을 넣어 촉촉하고 화사한 피부를 위한 복숭아 팩을 만들어보세요.

복숭아청 팩
복숭아를 설탕 혹은 꿀에 1대1 비율로 절여 복숭아청을 만들어보세요. 냉장 보관했다가 탄산수나 얼음물에 타서 음료 대용으로 활용하기에도 좋고, 설탕이나 시럽 대신 요리에 활용해도 좋습니다. 이렇게 만든 복숭아청 2큰술에 밀가루 1큰술을 개어 천연팩을 만들면 간단하게 미백에 도움이 되는 복숭아 천연팩을 할 수 있습니다.

HOW TO MAKE

재료 : 복숭아 작은 것 ½개, 물 2큰술, 꿀 1큰술, 오트밀 가루 2큰술

Step 1
껍질 벗긴 복숭아는 물과 함께 믹서에 간다.

Step 2
꿀과 오트밀 가루를 넣어 흘러내리지 않을 정도로 적당한 농도를 맞춘다(오트밀 가루는 밀가루로 대체 가능하다).

Step 3
복숭아 팩을 얼굴에 바른다.

Step 4
10~15분 후 미온수로 깨끗하게 씻어낸다.

14

브로콜리 팩

미백·트러블 개선
(트러블 피부)

10대 슈퍼 푸드 중 하나인 브로콜리는 항산화 물질과 다량의 칼슘을 함유하고 있어 건강을 위해 꼭 먹어야 하는 채소 중 하나입니다. 소금물에 살짝 데쳐 샐러드로 즐기거나 양파, 대파와 함께 끓여 수프를 만들어도 좋습니다. 브로콜리 수프는 감기 예방에 도움이 되는 따뜻한 건강식으로도 손색없습니다. 브로콜리로 속이 든든한 고소하고 영양 가득한 수프를 끓이기도 하고 브로콜리 팩도 만들어보세요. 브로콜리에 함유된 카로틴은 피부와 점막의 저항력을 강하게 해줘 트러블 개선에 도움이 되며, 풍부한 비타민은 미백에 효과적입니다. 여름철 그을린 피부를 회복시키는 브로콜리 팩. 우유와 꿀을 더하면 미백과 보습 효과도 얻을 수 있습니다.

브로콜리 데친 물 활용법
몸에 좋고 맛도 좋은 브로콜리. 맛있게 즐기려면 먼저 살짝 데쳐야 합니다. 이때 브로콜리 데친 물을 버리지 말고 잘 걸러두세요. 세안 시 마지막 헹굼물로 사용하면 피부 트러블을 개선하는 효과를 볼 수 있습니다.

HOW TO MAKE

재료 : 브로콜리 50g, 우유 2큰술, 밀가루 2큰술, 꿀 1큰술, 소금 약간, 물 1큰술

Step 1
브로콜리 줄기와 송이 부분을 소금물에 담가 씻은 뒤, 흐르는 물에 닦아 우유와 물을 넣고 믹서에 간다.

Step 2
①에 밀가루와 꿀을 넣어 흘러내리지 않을 정도로 적당한 농도를 맞춘다.

Step 3
브로콜리 팩을 얼굴에 바른다.

Step 4
20분 후 미온수로 깨끗이 씻어낸다.

15

블루베리 팩

노화 방지·보습
(트러블 피부)

젊음을 상징하는 보랏빛 열매 블루베리. 항산화 효과가 뛰어나 노화 방지에 효과적이라고 알려진 블루베리는 먹어도 좋지만 발라도 피부를 한층 젊게 하는 데 도움을 줍니다. 블루베리를 갈아 달콤한 블루베리 스무디를 만들고 블루베리 팩도 만들어보세요. 밀가루 1~2큰술만 섞으면 금세 블루베리 팩이 만들어지니 하지 않을 이유가 없습니다. 블루베리 스무디에 밀가루 1큰술을 더해 피부 건강도 챙겨보세요.

HOW TO MAKE

재료 : 블루베리 1큰술, 우유 ½큰술, 꿀 ½큰술, 밀가루 1큰술

Step 1
블루베리와 우유, 꿀을 믹서에 넣어 간다.

Step 2
①에 밀가루를 섞어 흘러내리지 않을 정도로 적당한 농도를 맞춘다(밀가루 대신 쌀가루를 사용해도 된다).

Step 3
블루베리 팩을 얼굴에 올린다.

Step 4
10~15분 후 미온수로 깨끗하게 씻어낸다.

블루베리 비누 만들기
녹인 비누 베이스 100g에 블루베리즙 5g을 넣고 꿀 1작은술과 라벤더 아로마에센셜 오일 20방울을 떨어트린 뒤, 종이컵이나 비누 몰드에 부어 굳히면 간단하게 블루베리 비누를 만들 수 있습니다. 이때 블루베리는 갈아서 즙만 사용해도 되고, 과육과 함께 넣어 만들어도 됩니다. 이렇게 만든 블루베리 비누는 피부 보습에 도움이 되니 세안 및 샤워용으로 사용해보세요.

16
사과 팩

보습·탄력
(중성 피부)

사과는 식이섬유소가 많고 과일산과 당분이 풍부해 항산화 작용으로 인해 노화를 방지해주고, 암과 성인병을 예방하며, 변비 치료와 예방 효과가 있어 피부 미용에도 도움이 됩니다. 또한 피부를 탄력있게 해주고 잡티, 잔주름을 예방해주며, 거칠어진 피부를 투명하고 매끄럽게 만들어줍니다. 피지를 흡수해 피부를 청결하고 매끄럽게 해주기도 합니다.

사과청 만들기
1. 사과 2개를 깨끗하게 씻어 적당한 크기로 채썬다.
2. 껍질 벗긴 생강 2톨을 채썬다.
3. ①, ②를 섞은 뒤 동량의 유기농 설탕에 버무린다.
4. 소독한 유리병에 ③과 통계피 스틱 1개를 넣고 바닥에 가라앉은 설탕을 저어가며 3일 정도 실온에서 숙성시킨 후 냉장 보관했다가 차로 즐긴다.

사과청으로 만드는 간단 천연팩
사과청 3큰술에 밀가루나 곡물 가루 2큰술을 넣어 흘러내리지 않을 정도로 적당한 농도를 맞춰 천연팩을 만들어 보세요. 사과청에는 계피와 생강이 들어 있어 피부 트러블 개선 및 보습에 도움이 됩니다. 민감성 피부는 자극을 받을 수 있으므로 반드시 패치 테스트를 해야 합니다.

HOW TO MAKE

재료 : 사과 ¼개, 밀가루 또는 곡물 가루 2큰술, 우유 2큰술

Step 1
사과는 껍질째 깨끗하게 씻어 우유와 함께 간다(우유 대신 쌀뜨물을 사용해도 된다).

Step 2
①에 밀가루나 곡물 가루를 넣어 흘러내리지 않을 정도로 적당한 농도를 맞춘다.

Step 3
사과 팩을 얼굴에 바른다.

Step 4
15~20분 후 미온수로 깨끗이 씻어낸다.

— 17 —

살구 팩

노화 방지·주름 개선
(모든 피부)

말랑말랑한 주황빛 살구를 한입 베어 물면 달콤한 살구 향과 맛에 매료되지 않을 수 없습니다. 살구는 여름철이 아니면 쉽게 볼 수 없는 귀한 과일입니다. 두고 두고 즐기기 위해서는 다양한 저장 방법을 이용합니다. 그중 병조림은 살구의 모양과 식감을 생과와 최대한 가깝게 보존할 수 있는 방법입니다. 이때 살구를 몇 개 남겨두었다가 밀가루나 꿀을 더해 천연팩을 만들어 보세요. 살구에는 항산화 물질인 라이코펜과 베타카로틴이 풍부하게 들어 있어 특히 노화 방지에 효과적입니다. 여름철 뙤약볕에 지친 피부에 생기와 탄력을 불어 넣고, 노화로 인해 생기는 피부 주름을 개선하는 데 도움을 주고, 피부 트러블을 진정시키는 데도 효과적입니다.

주의 : 민감성 피부는 살구 팩을 피하는 것이 좋습니다. 팩을 하기 전에 패치 테스트를 해야 합니다.

살구 씨 스크럽
살구 씨 분말에 요거트나 우유를 적당량 섞어 주 1~2회 정도 세안 시 부드럽게 마사지하듯 스크럽해주면 묵은 각질을 제거하고 피붓결을 정돈하는 효과를 볼 수 있습니다.

HOW TO MAKE

재료 : 살구 작은 것 3개(살구 간 것 1큰술 반), 꿀 1큰술, 밀가루 1큰술

Step 1
살구는 깨끗하게 씻어 껍질을 벗긴 뒤 반으로 갈라 씨를 제거하고 꿀을 첨가해 믹서에 갈거나 으깬다.

Step 2
①에 밀가루 1큰술을 섞어 흘러내리지 않을 정도로 적당한 농도를 맞춘다.

Step 3
살구 팩을 얼굴에 바른다.

Step 4
10~15분 후 미온수로 깨끗하게 씻어낸다.

18
상추 팩

피부 진정 · 미백
(여드름 피부 · 트러블 피부)

상추는 비타민 A를 다량 함유하고 있어 건강한 피부를 유지하는 데 도움을 줍니다. 특히 상추 즙은 햇빛에 타서 화끈거리거나 붉게 달아 오른 피부를 가라앉히는 진정 효과가 있으므로 여름철 야외 활동을 한 후에는 꼭 상추 팩을 해보세요. 간단하게 절구에 찧거나 믹서에 갈아 즙을 낸 후 화장 솜이나 마스크시트에 적셔 붉어진 피부 위에 10여 분간 올려두거나 밀가루를 적당량 섞어 팩을 하면 달아오른 피부를 진정시킬 수 있습니다. 상추는 붉은 피부의 열기를 가라앉히는 진정 효과뿐만 아니라 피부를 맑게 해주는 미백 작용과 해독 작용이 뛰어나 색소 침착을 막아주고 기미 예방 및 여드름 완화에도 효과적입니다.

HOW TO MAKE

재료 : 상추 5~6장, 밀가루 2큰술, 쌀뜨물 2큰술

Step 1
상추는 깨끗하게 씻어 쌀뜨물과 함께 믹서에 곱게 간다.

Step 2
①에 밀가루를 넣어 흘러내리지 않을 정도로 적당한 농도를 맞춘다.

Step 3
상추 팩을 얼굴에 바른다.

Step 4
15~20분 후 미온수로 깨끗하게 씻어낸다.

 Tip

건성 피부라면?
피부가 많이 긴조해지는 계절 혹은 푸석푸석하고 피부가 긴조해질 때, 꿀이나 올리브오일을 더해 천연팩을 만들어보세요. 잘 만든 천연팩에 꿀이나 올리브오일을 한 큰술 더하면 피부 보습과 영양 공급 효과를 볼 수 있습니다.

— 19 —

셀러리 팩

피부 진정 · 수분 공급
(모든 피부)

먹어도 건강과 미용에 도움이 되지만 몸의 열을 내려 피부를 진정시키는 작용을 하는 셀러리의 특징을 살려 천연팩으로 이용해보세요. 야외 활동으로 피부가 붉게 그을렸거나 피부에 열이 많을 때 셀러리를 갈아 팩을 하면 열을 내리고 수분을 공급해 피부를 보다 촉촉하고 밝게 만들 수 있습니다. 셀러리로 피클을 담글 때 보통 줄기만 사용하는데, 남은 잎을 깨끗하게 씻어 쌀뜨물이나 우유를 넣고 간 뒤 밀가루나 오트밀 가루를 적당히 섞으면 피부에 좋은 천연팩을 만들 수 있습니다. 식감 좋은 줄기는 음식으로 즐기고 줄기보다 영양이 풍부한 잎으로는 영양 가득 천연팩의 효과를 만끽해보세요. 싱그러운 향기 가득한 셀러리 팩으로 한층 밝아진 피부를 기대할 수 있을 겁니다.

셀러리 줄기 팩
피부를 맑고 깨끗하게 만들어주는 셀러리! 줄기를 활용해서 천연팩을 해도 좋습니다.
깨끗하게 씻어 손질한 셀러리 줄기를 믹서에 갈아 천연팩을 만들어보세요.

HOW TO MAKE

재료 : 셀러리 잎 한 줌, 쌀뜨물 3큰술, 밀가루 1½큰술

Step 1
셀러리 잎은 깨끗하게 씻어 적당한 크기로 자른 뒤 쌀뜨물과 함께 믹서에 넣고 간다.

Step 2
①에 밀가루를 섞어 흐르지 않을 정도로 적당한 농도를 맞춘다.

Step 3
셀러리 팩을 얼굴에 바른다.

Step 4
15~20분 후 미온수로 깨끗하게 씻어낸다.

20
석류 팩

피부 노화 방지
(모든 피부)

알알이 붉은 석류는 씨앗을 싸고 있는 막에 천연 여성호르몬인 에스트로겐 성분이 함유되어 있어 특히 여성에게 좋은 과일로 유명합니다. 먹기가 다소 불편하다는 단점이 있지만 풍부한 영양분이 그 모든 단점을 상쇄하고도 남습니다. 빛깔 고운 석류로 석류청이나 석류주, 효소, 식초, 즙을 만들어두면 요리에 곁들여 다양하게 활용할 수 있습니다. 석류는 항산화 물질이 풍부해 예로부터 원기를 북돋는 과일로 알려져 있으며, 설사나 복통 치료에 사용되기도 했습니다. 특히 피부 콜라겐 층의 탄력 유지에 도움을 줘 동안 피부를 만드는 데 핵심 미용 재료이기도 합니다. 피부 보습 효과가 뛰어나고 영양이 풍부한 석류는 노화 방지와 주름 개선 효과가 있어 먹어도 발라도 동안 피부를 만드는 데 도움이 됩니다.

석류청으로 만드는 천연팩
제철 맞은 석류와 설탕을 1대1 비율로 섞어 청을 담아두면 두고두고 석류를 즐길 수 있습니다. 석류청에 밀가루나 곡물 가루를 섞어 팩을 해도 피부 보습과 탄력에 도움이 됩니다. 석류즙 혹은 석류청을 세안 후 마지막 헹굼물에 희석해 사용해도 피부 미용에 좋은 효과를 볼 수 있습니다.

HOW TO MAKE

재료 : 석류즙 2큰술, 밀가루 2큰술, 꿀 1큰술

Step 1
석류 알갱이만 모아 믹서에 갈아 체로 거른다.

Step 2
①에 밀가루와 꿀을 섞어 흐르지 않을 정도로 적당한 농도를 맞춘다.

Step 3
석류 팩을 얼굴에 바른다.

Step 4
15분 후 미온수로 깨끗하게 씻어낸다.

21

수박 껍질 팩

수분 공급·피부 진정·미백
(모든 피부)

수박 껍질에는 다양한 비타민과 무기질이 풍부하게 함유되어 있으며 체내 이뇨 작용을 도와 부종을 가라앉히는 효과가 있습니다. 특히 수박 껍질의 흰 부분은 여름철 야외 활동으로 붉게 달아오른 피부를 진정시키는 데 유용한 미용 재료로, 피부의 수분 공급을 도와 건조해진 피부를 촉촉하게 만들고 어두워진 피부를 한층 밝게 해줍니다. 달콤하고 시원한 수박을 먹고 난 뒤 껍질을 모아두었다가 하얗게 빛나는 피부를 만들어보세요.

HOW TO MAKE

재료 : 수박 껍질 흰 부분 한 줌, 오트밀 가루(밀가루) 2큰술

Step 1
수박 껍질의 흰 부분을 잘라 적당한 크기로 썰어 강판이나 믹서에 간다.

Step 2
①에 오트밀 가루(밀가루)를 넣어 흐르지 않을 정도로 적당한 농도를 맞춘다.

Step 3
수박 껍질 팩을 얼굴에 바른다.

Step 4
15~20분 후 미온수로 깨끗하게 씻어낸다.

간단한 수박 껍질 팩
수박 껍질의 흰 부분을 얇게 썰어 얼굴에 올려두면 그대로 피부 진정과 수분 공급을 도와주는 천연팩을 즐길 수 있습니다. 냉장고에 넣어 차가워진 수박 껍질을 얼굴이나 팔 다리 등에 올렸다가 10여 분이 지난 후 떼어내면 됩니다.

햇빛에 그을린 피부에도 수박 껍질 팩
피부가 햇빛에 많이 그을렸다면 수박 껍질과 알로에를 함께 갈아 팩을 해보세요. 쿨링 효과가 커서 피부 진정 효과를 볼 수 있습니다. 밀가루나 오트밀 가루를 섞지 않고 수박 껍질을 갈아 만든 즙을 화장솜이나 거즈, 마스크시트에 적셔 얼굴이나 붉어진 팔 다리 등에 올려도 좋습니다.

22

시금치 팩

화이트닝
(트러블 피부·건성 피부)

뽀빠이가 사랑한 채소로 유명한 시금치는 사과산, 수산, 구연산, 비타민 C, 칼슘, 철분, 단백질 등 다양한 영양분이 함유되어 있습니다. 위장을 정화하는 약리 작용이 있어 위장 장애와 변비, 냉증, 거친 피부에 도움을 주는 채소이기도 합니다. 밑반찬을 만들면서 시금치 한 뿌리 정도는 피부에 양보해보세요. 시금치는 다량의 비타민 A와 미네랄을 함유하고 있어 기미, 주근깨를 옅게 하고 피부 톤을 한층 밝게 해주는 미백 효과를 가지고 있으며 피부 보습에도 도움이 됩니다. 시금치의 엽록소에는 살균 작용과 탄력에 도움을 주는 성분이 함유되어 있어 피부 진정 효과 및 트러블 케어에도 유용합니다. 자극이 적어 민감한 피부에도 사용할 수 있습니다.

버리지 말자, 시금치 데친 물
시금치 데친 물은 손만 씻어도 하루 종일 보들보들한 촉감을 느낄 수 있을 정도로 피부를 부드럽고 촉촉하게 해줍니다. 세안 후 헹굼물로 시금치 데친 물을 사용하면 피부 보습에 도움을 받을 수 있습니다.

HOW TO MAKE

재료 : 시금치 1뿌리, 밀가루 2큰술, 꿀 1큰술, 물(시금치 데친 물) 2큰술

Step 1
시금치는 깨끗이 씻어 적당한 크기로 자른 다음 믹서에 물을 넣고 간다.

Step 2
①에 밀가루와 꿀, 물을 넣고 흐르지 않을 정도로 적당한 농도를 맞춘다.

Step 3
시금치 팩을 얼굴에 바른다.

Step 4
15~20분 후 미온수로 깨끗하게 씻어낸다.

견과류를 챙겨 먹을 때 빠지지 않는 대표적인 견과류로 아몬드가 있습니다. 아몬드는 불포화지방산이 풍부해 몸속의 좋지 않은 중성지방과 콜레스테롤 수치를 낮춰주는 역할을 하며 혈액 순환을 도와 혈관 질환을 예방해줍니다. 식이섬유소가 풍부하고 포만감을 느끼게 해주므로 다이어트에도 유용하며 비타민 E가 풍부해 노화 방지 및 피부 미용에도 좋습니다.

간단하게 믹서에 갈아 만든 아몬드 우유 한 잔으로 든든하게 영양을 채우고, 남은 재료에 밀가루나 아몬드 가루를 더해 피부 트러블을 잠재우고 보습 효과를 느껴보세요. 아몬드는 노화 방지 및 영양과 보습에도 효과적이지만 피부의 면역력을 키워줘 피부 트러블과 피지 조절에도 도움이 됩니다.

HOW TO MAKE

재료 : 생아몬드 10개, 꿀 2큰술

Step 1
아몬드는 믹서에 넣고 곱게 간다.

Step 2
①에 꿀 2큰술을 섞어 흐르지 않을 정도로 적당한 농도를 맞춘다.

Step 3
아몬드 팩을 얼굴에 바른다.

Step 4
15~20분 후 미온수로 깨끗하게 씻어낸다.

Tip

먹어도 좋고 발라도 좋은 아몬드 우유
아몬드 20개를 두부 ½모와 우유 ½컵을 넣고 함께 갑니다. 달콤하게 즐기고 싶다면 꿀을 첨가하면 좋습니다. 고소한 아몬드 우유 2큰술을 덜어 밀가루나 꿀을 첨가하면 촉촉한 아몬드 우유 팩 완성! 아몬드 우유 팩은 피부 보습과 영양 공급에 효과적입니다.

─ 24 ─

양배추 팩

피지 조절·모공·수분 공급
(지성 피부·여드름 피부)

여드름으로 고생하는 아이나 위염이나 위궤양으로 고생하는 어른이 있다면 집에서 양배추가 떨어지는 날이 없을 겁니다. 위가 좋지 않은 사람들은 양배추를 꾸준히 먹으면 위를 튼튼하게 해주고 피부 미용에도 도움이 됩니다. 특히 얼굴에 여드름이나 여드름 자국이 있을 경우, 양배추즙이 효과 있는 것으로 유명합니다.

여드름 자국이나 여드름 때문에 고민이라면 양배추를 갈아 양배추즙을 만들어 마시고 천연팩도 만들어보세요. 양배추 팩은 피부의 번들거림을 줄여주고 수분을 채워주기 때문에 지성 여드름 피부를 위한 천연팩으로 적극 추천합니다.

무와 함께!
양배추와 무를 1대1 비율로 함께 갈아 팩을 하면 여드름 피부에 더욱 도움이 됩니다.

사과와 함께!
양배추 ⅕개, 사과 1개(혹은 파인애플 링 1개)을 믹서에 갈아 양배추즙을 만들어 마시고 양배추 즙 2큰술에 밀가루를 섞어 천연팩을 만들어도 좋습니다.

HOW TO MAKE

재료 : 양배추 작은 것 ⅕개, 밀가루 2큰술, 플레인 요거트 1큰술

Step 1
양배추는 깨끗하게 씻어 적당한 크기로 썰어 믹서에 간다.

Step 2
①에 밀가루와 플레인 요거트를 섞어 흐르지 않을 정도로 적당한 농도를 맞춘다.

Step 3
양배추 팩을 얼굴에 바른다.

Step 4
15~20분 후 미온수로 깨끗하게 씻어낸다.

25

양파 팩

피지 조절·여드름 완화·미백
(지성 피부)

양파는 체내 콜레스테롤 수치를 낮추고 소화에 도움을 주며 비만이나 고혈압 같은 성인병을 예방하는 등 영양 성분이 풍부합니다. 양파는 살균력이 뛰어나 피부 미용에도 효과적인데, 특히 여드름 피부나 유분이 많아 번들거리는 지성 피부에 유용합니다. 다량의 무기질과 비타민을 함유하고 있어 피부 미백 효과도 기대할 수 있습니다.

주의 : 민감한 피부는 피하는 것이 좋습니다.

양파 식초 만들기
유리병에 식초 2컵과 설탕 2큰술을 넣어 잘 저은 다음 껍질 벗긴 뒤 깍둑썰기한 양파 1개를 넣고 2주 정도 숙성시킨 후 양파를 건져내고 소독한 유리병에 담아 냉장 보관합니다.

2주 숙성이 힘들다면!
양파는 매운 성질이 있어 그냥 천연팩으로 만들기에는 피부에 무리가 있으므로 식초에 3일 이상 담가두었다가 깨끗하게 씻어 사용하거나 끓는 물에 익힌 뒤 갈아서 사용합니다.

양파 식초로 세안 & 린스하기
양파 식초는 세정 및 살균 효과가 뛰어납니다. 세면대에 물을 가득 받은 후 양파 식초를 1큰술가량 넣어 물에 희석해 세안하면 트러블 케어에 도움이 됩니다. 같은 비율로 희석한 물을 린스 대신 사용하면 두피와 모발 건강도 지킬 수 있습니다.

HOW TO MAKE

재료 : 양파 식초에서 건져낸 양파 ½개,
녹두 가루 1½큰술

Step 1
양파 식초를 만들고 건져낸 양파는 흐르는 물에 살짝 씻어 믹서에 간다.

Step 2
①에 녹두 가루를 넣고 흐르지 않을 정도로 적당한 농도를 맞춘다(녹두 가루 대신 밀가루를 사용해도 된다).

Step 3
양파 팩을 얼굴에 바른다.

Step 4
15~20분 후 미온수로 깨끗이 씻어낸다.

— 26 —

오렌지 팩

미백·잡티 제거
(모든 피부)

상큼하고 달콤한 향과 맛을 가진 과일로 많은 사랑을 받고 있는 과일 오렌지. 비타민이 풍부한 오렌지는 감기 예방 및 피로 회복에 효과적이며 피부 미용에도 좋습니다. 상큼한 주스를 만들고 남은 오렌지즙과 걸러진 과육을 이용해 피부에 활력을 불어 넣어보세요. 오렌지는 유기산과 과당이 풍부한 과일로 피부를 촉촉하게 하고, 잡티를 옅게 만들어 자외선에 그을리거나 기미가 있는 피부를 보다 밝게 만들어줍니다. 이미 생겨버린 잡티를 말끔하게 없애지는 못하지만 차츰차츰 환해지는 피부를 볼 수 있을 겁니다.

주의 : 민감성 피부는 피하는 것이 좋습니다. 팔 안쪽에 10분 정도 패치 테스트를 해보고 이상이 없을 경우 팩을 합니다.

오렌지즙 팩
오렌지 과육을 제외한 즙만으로 깔끔한 천연팩을 만들 수 있습니다. 오렌지즙 2큰술에 물 1큰술, 그리고 밀가루를 넣어 농도를 조절해 얼굴에 발라주면 피지 조절에 도움이 되는 효과적인 천연팩이 만들어집니다. 지성 피부에 적극 추천합니다.

오렌지즙 세안
세안 마지막 단계에 세면대 물에 오렌지즙을 몇 방울 떨어뜨리는 것만으로도 풍부한 오렌지의 영양을 누릴 수 있는 것은 물론 피부 미백에 도움을 받을 수 있습니다.

HOW TO MAKE

재료 : 오렌지 ½개, 플레인 요거트 1큰술, 밀가루 2큰술

Step 1
깨끗하게 씻은 오렌지는 껍질을 벗긴 뒤 적당한 크기로 잘라 믹서에 간다.

Step 2
①에 플레인 요거트와 밀가루를 넣어 흐르지 않을 정도로 적당한 농도를 맞춘다.

Step 3
오렌지 팩을 얼굴에 바른다.

Step 4
15~20분 후 미온수로 깨끗이 씻어낸다.

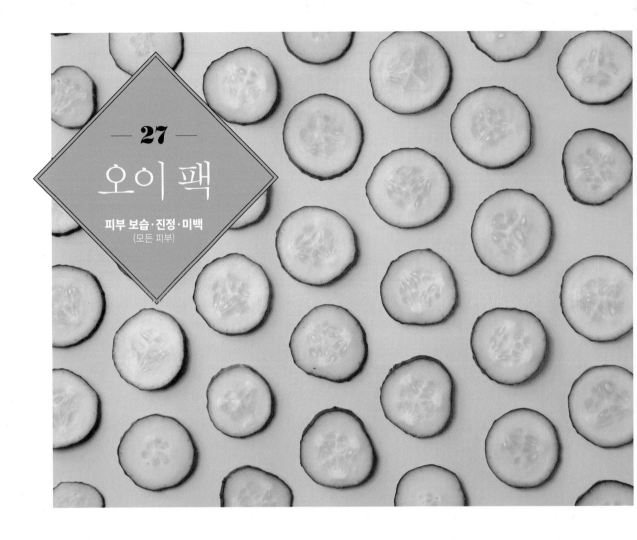

— 27 —

오이 팩

피부 보습·진정·미백
(모든 피부)

가정에서 가장 손쉽게 할 수 있는 천연팩 중 첫손에 꼽히는 것이 바로 오이 팩입니다. 감자 팩과 더불어 오이 팩은 햇빛에 그을린 피부를 진정시키는 것은 물론, 보습, 미백 효과로도 유명합니다. 수분 함유량이 높은 오이는 피부 진정뿐 아니라 보습에도 효과적이며, 풍부한 비타민과 무기질로 피부 미백에도 도움을 줍니다. 오이를 얇게 썰어 붙여도 좋지만 깨끗하게 씻어 껍질까지 모두 갈아 적당량의 밀가루와 함께 팩을 만들어 사용하는 것을 추천합니다.

HOW TO MAKE

재료 : 오이 ¼개, 밀가루 2큰술, 소금 약간

Step 1
오이는 껍질까지 모두 사용하므로 굵은 소금으로 문질러 흐르는 물에 깨끗하게 씻어 강판이나 믹서에 간다.

Step 2
①에 밀가루를 넣어 흐르지 않을 정도로 적당한 농도를 맞춘다.

Step 3
오이 팩을 얼굴에 바른다.

Step 4
15~20분 후 미온수로 깨끗이 씻어낸다.

여름철 물놀이로 그을린 피부에 간단 오이 팩!
굵은 소금으로 껍질을 깨끗하게 씻은 오이를 필러를 사용해 세로로 길쭉하게 썰면 칼로 썰 때보다 훨씬 얇고 길게 썰 수 있습니다. 길쭉한 모양으로 썬 오이를 얼굴뿐 아니라 그을린 팔과 다리 어깨 등에 붙여보세요. 간단하게 피부 진정 팩을 할 수 있습니다.

28

요거트 팩

각질 제거·미백
(트러블 피부)

발효 요거트는 먹어도 건강에 도움이 되지만 요거트에 함유된 비타민 B_2 와 양질의 단백질, 지방이 피부의 묵은 각질을 제거해 기미나 주근깨를 옅게 하고 모공을 깨끗하게 하는 효과가 있어 피부 미용에 도움이 됩니다. 꿀과 함께 사용하면 피부 보습뿐만 아니라 민감한 피부를 진정시키고 피부를 건강하게 하는 데 도움을 줍니다. 꿀과 요거트를 잘 섞어 3~5분간 얼굴과 몸에 마사지하듯 문질러 바른 뒤 흐르는 물에 씻어내면 피부톤을 화사하게 해줍니다. 밀가루나 곡물 가루 등을 넣어 만든 천연팩은 모공 케어 및 피부 보습 및 트러블 진정 효과를 볼 수 있습니다.

Tip

간단 요거트 마사지
1. 발효시킨 요거트 2큰술(플레인 요거트)에 꿀 2큰술을 넣어 잘 섞는다.
2. 얼굴과 몸에 발라 5분여간 마사지하듯 문질러준다.
3. 미온수로 깨끗하게 씻어낸다.

발표 요거트 만들기
발효 요거트는 종이컵 2컵 분량의 요거트에 우유 1L가량을 섞어 따뜻한 곳에 8~10시간 정도 두면 만들 수 있습니다.
시판 요거트는 소포제, 유화제, 보존제 등 식품 첨가물이 다량 함유돼 있어 천연팩을 하는데 적합하지 않습니다.

HOW TO MAKE

재료 : 발효 요거트 2큰술, 밀가루 1큰술,
꿀 1큰술

Step 1
발효 요거트에 밀가루와 꿀을 넣고 흐르지 않을 정도로 적당한 농도를 맞춘다.

Step 2
요거트 팩을 얼굴에 바른다.

Step 3
15분 후 미온수로 깨끗하게 씻어낸다.

29

자두 팩

노화 방지 · 수분 공급
(모든 피부)

씨앗을 제거한 자두 과육을 유기농 흑설탕에 버무려 소독한 유리병에 담아 냉장 보관해두면 여름 내내 자두 에이드를 만들어 시원하게 즐길 수 있고, 칵테일이나 각종 드레싱, 베이킹에 요긴하게 사용할 수 있는 영양만점 달콤한 자두청을 만들 수 있습니다. 비타민 A, C, E가 풍부하게 함유된 자두는 피로 회복에 좋고 거칠어진 피부를 회복시키고 노화를 방지하는데도 효과적입니다. 뜨거운 여름철, 햇빛에 노출되어 푸석푸석 건조해진 피부가 고민이라면 자두 팩을 만들어보세요. 건조해진 피부에 촉촉하게 수분을 공급해줄 뿐만 아니라 지친 피부에 활력을 불어 넣어 노화 방지에도 효과적입니다.

 Tip

자두청 만들기
1. 자두 500g을 깨끗하게 씻어 씨앗을 제거한 뒤 적당한 크기로 썬다.
2. ①에 유기농 흑설탕 500g을 버무려 열탕 소독한 유리용기에 담는다.
3. 가라앉은 설탕을 한 번씩 저어 녹이며 냉장 보관했다가 4~5일 후부터 즐긴다.

자두청으로 천연팩 만들기
자두청 2큰술에 물 1큰술과 밀가루 1큰술을 섞어 흐르지 않을 정도로 적당한 농도를 맞춘 다음 얼굴에 바릅니다. 15분 후 미온수로 깨끗히 씻어냅니다.

HOW TO MAKE

재료 : 자두 2개, 꿀 1큰술, 밀가루 1큰술

Step 1
자두는 깨끗하게 씻어 씨앗을 제거한 다음 껍질째 적당한 크기로 썰어 꿀을 넣고 믹서에 간다.

Step 2
①에 밀가루 1큰술을 섞어 흐르지 않을 정도로 적당한 농도를 맞춘다.

Step 3
자두 팩을 얼굴에 바른다.

Step 4
10~15분 후 미온수로 깨끗이 씻어낸다.

자몽 팩

미백·트러블 완화
(모든 피부)

즙이나 청으로 만들어 시원하게 주스나 에이드로 즐기는 자몽은 과즙이 풍부하고 신맛과 단맛과 쌉싸름한 맛을 동시에 느낄 수 있는 매력적인 과일입니다. 자몽은 비타민이 풍부해 피로 회복 및 감기 예방에 도움이 되며 식욕을 억제하고 지방 분해를 도와 다이어트에 유용한 과일로 여성들에게 꾸준히 사랑을 받고 있습니다.

무엇보다 자몽은 자외선에 노출되어 그을린 피부를 회복시키는 효과가 있습니다. 사시사철 구할 수 있는 자몽으로 여름철 뜨거운 햇빛에 그을린 피부를 밝게 하는 천연팩을 만들어보세요. 여드름 같은 피부 트러블을 진정시키는 데도 효과적입니다. 믹서에 갈아 주스로도 즐기고 밀가루와 꿀을 섞어 간단한 자몽 팩을 만들어보세요.

자몽청으로 만드는 초간단 천연팩
껍질 벗겨낸 자몽과 설탕을 1대1 비율로 섞은 뒤, 일주일가량 절여 자몽청을 만들어보세요. 따뜻한 물이나 시원한 물에 희석하거나 탄산수를 더해 음료로 즐기거나 다양한 요리의 소스로 사용할 수 있습니다. 또는 자몽청 3~4큰술에 미숫가루, 밀가루 등 곡물 가루를 섞어 적당한 농도를 만들면 보습과 미백에 도움이 되는 간단한 자몽청 팩이 됩니다.

HOW TO MAKE

재료 : 자몽 ⅓개, 꿀 1큰술, 밀가루(오트밀 가루) 1큰술

Step 1
자몽은 껍질 벗긴 뒤 믹서에 간다.

Step 2
①에 꿀과 밀가루를 더해 흐르지 않을 정도로 적당한 농도를 맞춘다.

Step 3
자몽 팩을 얼굴에 바른다.

Step 4
15~20분 후 미온수로 깨끗하게 씻어낸다.

— 31 —
참외 팩

잡티 제거·미백
(모든 피부)

대표적인 여름 과일 참외는 과육의 수분 함량이 높아 피부를 촉촉하게 해주며 햇볕에 그을린 피부를 진정시키는 데 도움이 됩니다. 참외 껍질을 어깨나 팔, 다리, 얼굴 등에 올려 10여 분간 두면 그렇지 않은 곳과 비교했을 때 눈에 띌 정도로 피부 회복 속도의 차이를 느낄 수 있습니다. 또한 참외에는 비타민과 무기질이 풍부해 피부 미백에도 도움이 됩니다. 참외 몇 조각이면 얼굴에 내려앉은 잡티를 옅게 해주는 참외 팩을 만들 수 있습니다.

HOW TO MAKE

재료 : 참외 작은 것 ½개, 오트밀 가루 2큰술

Step 1
참외는 껍질을 벗기고 씨앗을 제거한 뒤 강판이나 믹서에 간다.

Step 2
①에 오트밀 가루를 2큰술 넣어 흐르지 않을 성도로 적당한 농도를 맞춘다(오트밀 가루가 없으면 밀가루로 대체한다).

Step 3
참외 팩을 얼굴에 바른다.

Step 4
10~15분 후 미온수로 깨끗하게 씻어낸다.

참외즙, 스킨으로 활용하기
강판이나 믹서에 곱게 간 참외를 걸러낸 참외즙 1큰술에 물 2큰술을 섞어 시트지나 화장솜에 적셔 10~15분간 얼굴에 올려둔 다음 스킨처럼 두드려 흡수시켜도 좋습니다.

피부 타입별 활용법
참외 팩을 만들 때 건성 피부는 꿀을, 지성 피부는 플레인 요거트를 첨가하면 좋습니다.

32
토마토 팩

피지 조절
(지성 피부·여드름 피부)

구연산, 사과산, 호박산, 아미노산, 루틴, 단백질, 칼슘, 비타민 A·B·C 를 풍부하게 함유하고 있는 토마토는 '토마토가 빨갛게 익으면 의사 얼굴 이 파랗게 된다'는 유럽 속담이 있을 정도로 장수 식품으로 손꼽히는 식재 료입니다. 붉은 토마토는 피부에 활력을 불어 넣는 효과 만점 미용재료이 기도 합니다. 과일산은 피부의 묵은 각질과 모공 속 노폐물을 제거해주고, 항염 작용이 뛰어나 지성 피부와 여드름 피부에 좋습니다. 콧등과 볼, 이 마 주변이 번들거리는 등 유분이 많을 때, 피지 분비가 많아 화장이 들뜰 때 효과 만점 천연팩으로 토마토를 추천합니다.

주의 : 토마토 팩은 과민 반응을 일으킬 수도 있으니 반드시 패치 테스트를 합니다.

지성 피부라면?
지성 피부나 여드름으로 고민이라면 밀가루 대신 녹차 가루 혹은 해초 가루를 넣어 팩을 만들어도 좋습니다.

HOW TO MAKE

재료 : 토마토 ½개, 플레인 요거트 1큰술, 밀가루 1큰술

Step 1
토마토를 믹서에 넣고 간 뒤 플레인 요거트 를 섞는다.

Step 2
①에 밀가루를 넣어 흐르지 않을 정도로 적 당한 농도를 맞춘다.

Step 3
토마토 팩을 얼굴에 바른다.

Step 4
15분 후 미온수로 깨끗하게 씻어낸다.

33
파인애플 팩

각질 제거·미백·항염증
(모든 피부)

파인애플은 구연산과 비타민 C 함유량이 높고 단백질 분해 효소가 함유되어 있어서 피부의 묵은 각질을 제거하고 기미나 주근깨 등 피부의 잡티를 엷게 하는 효과가 있어 미백 효과를 볼 수 있는 천연팩 재료로 손꼽힙니다. 달콤한 파인애플 한 조각으로 몸속 비타민을 채우고, 천연팩을 만들어 피부 비타민도 가득 채워보세요. 다음 날 아침, 보다 환해진 피부를 만날 수 있을 겁니다.

주의 : 민감한 피부는 패치 테스트를 한 뒤 사용하는 것이 좋습니다.

파인애플 식초 만들기
파인애플과 설탕, 식초를 1대1대1의 비율로 준비합니다. 파인애플은 껍질을 벗기고 심을 제거한 후 적당한 크기로 썰어 소독한 유리병에 담고 설탕과 식초를 부어 밀봉합니다. 서늘하고 그늘진 곳에서 2주간 숙성시킨 후 파인애플을 건져낸 다음 소독한 용기에 옮겨 담습니다.

파인애플 식초 활용법
파인애플 식초는 다이어트에도 도움이 됩니다. 물에 1대5 비율로 희석해 식후 음용하면 좋습니다. 세면대에 1큰술가량 넣고 물에 희석해 천연 린스나 족욕 및 세안에 사용해도 좋습니다.

HOW TO MAKE

재료 : 파인애플 링 ½조각, 오트밀 가루 1큰술, 꿀 1큰술

Step 1
파인애플은 적당한 크기로 썰어 믹서에 곱게 간다.

Step 2
①에 오트밀 가루와 꿀을 넣어 흐르지 않을 정도로 적당한 농도를 맞춘다.

Step 3
파인애플 팩을 얼굴에 바른다.

Step 4
15~20분 후 미온수로 깨끗하게 씻어낸다.

파프리카 팩

기미 주근깨 완화·미백·노화 방지
(모든 피부)

파프리카는 피망과 달리 매운맛이 없어 아이들이 먹기에 좋으며 칼로리가 낮고 비타민 A, 비타민 C 등 영양 성분이 풍부하게 들어 있어 다이어트와 피부 미용에도 효과적입니다. 비타민 C가 풍부하게 함유되어 있어 멜라닌 색소 생성을 억제하며, 기미나 주근깨를 예방하는 데도 도움을 줍니다. 피부에 수분 및 영양을 공급해줘 피부를 윤택하게 하고, 주름 및 노화 방지에도 유용합니다. 알록달록 예쁜 색감의 파프리카로 요리도 하고 파프리카 팩을 만들어 피부를 한층 밝게 만들어보세요.

주의 : 민감한 피부는 패치 테스트를 한 후 사용합니다.

보습이 더 필요하다면?
플레인 요거트나 꿀을 1~2큰술 첨가하면 보습력을 더할 수 있습니다.

HOW TO MAKE

재료 : 파프리카 작은 것 ½개, 우유 1큰술, 밀가루 2큰술

Step 1
파프리카는 깨끗하게 씻어 씨를 뺀 뒤 적당한 크기로 썰어 우유와 함께 믹서에 간다.

Step 2
①에 밀가루를 넣고 흐르지 않을 정도로 적당한 농도를 맞춘다.

Step 3
파프리카 팩을 얼굴에 바른다.

Step 4
10~15분 후 미온수로 깨끗하게 씻어낸다.

35

포도 팩

각질 제거·미백·노화 방지
(모든 피부)

여름철 알알이 영근 포도는 뜨거운 자외선에 노출돼 피부가 손상되었을 때 지친 피부를 회복시켜주는 대표적인 미용 과일입니다. 포도를 꾸준히 섭취하면 노화 예방 효과를 볼 수 있습니다. 먹고 남은 포도 껍질로 포도 팩을 만들어보세요. 각질 제거 및 피부 미백에 도움이 됩니다. 포도는 송이를 가위로 잘라 3~4등분 한 다음 희석한 식촛물에 15초 정도 담갔다가 흐르는 물에 여러 번 헹궈 잔류 농약을 제거한 뒤 먹습니다. 여름철 떨어진 식욕을 돋우고 피로 회복에 도움을 주는 달콤한 포도 주스를 만들고, 거르고 남은 포도 껍질로 포도 팩을 만들어 지친 피부에 활력을 불어 넣어보세요.

HOW TO MAKE

재료 : 포도 8~10알, 오트밀 가루 2큰술,
플레인 요거트 1큰술

Step 1
포도는 깨끗하게 씻어 껍질째 믹서에 곱게 간다. 포도 씨앗은 피부에 자극이 될 수 있으므로 체에 걸러 즙만 준비한다.

Step 2
①에 오트밀 가루와 플레인 요거트를 더해 흐르지 않을 정도로 적당한 농도를 맞춘다.

Step 3
포도 팩을 얼굴에 바른다.

Step 4
10~15분 후 미온수로 깨끗하게 씻어낸다.

포도 껍질로 만드는 천연팩
포도 껍질을 미니 절구에 빻거나 믹서에 곱게 갈아 나온 즙에 밀가루와 꿀 1~2큰술을 더해 포도 껍질 팩을 만들어도 좋습니다.

36

꿀 팩

보습·트러블 진정
(모든 피부)

꿀에는 포도당과 과당 등 각종 당류가 함유되어 있어 세포의 빠른 영양 공급을 돕습니다. 항균력이 뛰어나고 항 박테리아성 특징을 가지고 있어 피부 미용 및 치료에도 도움이 됩니다. 무엇보다 피부 보습에 뛰어난 효능이 있어 천연팩의 주된 재료이며 잡티 제거 및 미백, 진정, 트러블을 완화시키는 데 도움을 줍니다. 다른 재료 없이 꿀만으로 팩을 해도 피부에 보습과 함께 윤기를 줄 수 있는데, 얼굴에 골고루 바른 뒤 건조해지기 시작할 때 미온수로 깨끗하게 헹궈내면 간단하게 피부 보습력을 높이는 꿀 팩을 할 수 있습니다.

주의 : 꿀에 알레르기 반응이 있을 수도 있으니, 패치 테스트를 한 후 사용합니다.

꿀로 세안하기
클렌징 오일에 꿀을 소량 섞어 세안하거나, 세안이 끝난 후 오트밀 가루나 곡물 가루 혹은 곱게 간 흑설탕에 꿀을 섞어 마사지하면 모공 속 노폐물 제거 및 트러블 완화에 효과적입니다. 피부 보습에도 도움을 받을 수 있습니다.

보습이 더 필요하다면?
피부 보습이 필요하면 밀가루 대신 카카오 가루나 오트밀 가루를, 쌀뜨물 대신 올리브오일을 섞습니다. 트러블이나 미백에 도움을 받기 위해서는 레몬즙이나 녹차 가루, 녹두 가루와 섞어 팩을 합니다.

HOW TO MAKE

재료 : 꿀 2큰술, 밀가루 1큰술, 쌀뜨물 1큰술

Step 1
꿀과 밀가루, 쌀뜨물을 골고루 섞어 흘러내리지 않을 정도로 적당한 농도를 맞춘다.

Step 2
꿀 팩을 얼굴에 바른다.

Step 3
15분 후 미온수로 깨끗하게 씻어낸다.

— 37 —

다래 팩

미백
(지성 피부)

비타민과 식이섬유소가 풍부한 다래는 껍질을 벗긴 뒤 송송 썰어 설탕에 재워 다래청을 만들어두면 탄산수에 섞어 시원하게 에이드로 즐기거나 따뜻하게 감기 예방차로 즐길 수 있습니다. 다래는 비타민 C를 다량 함유하고 있어 피로 회복과 감기 예방에 도움이 되고, 피부 미백에도 탁월한 효과가 있습니다. 가을철, 칙칙하고 푸석해진 피부로 고민될 때 다래에 밀가루와 천연 보습제인 꿀을 첨가해 피부를 한 톤 밝혀줄 천연팩을 만들어보세요.

주의 : 민감한 피부는 사용을 피합니다. 팔 안쪽(윗팔)이나 귓불 등에 10분 정도 패치 테스트를 한 뒤 피부가 따갑거나 붉게 변하는 등 이상 반응이 없으면 사용합니다.

간단한 다래청 만들기
1. 껍질 벗긴 다래를 적당한 크기로 썰어 소독한 유리병에 설탕과 1대1 비율로 켜켜이 넣는다.
2. 가라앉은 설탕이 잘 녹도록 저어가며 실온에 보관하다가 3일 후 냉장 보관한다.
3. 적당량의 다래청을 물과 탄산수에 희석해서 에이드나 차로 즐긴다.

다래청으로 천연팩 만들기
다래청 2큰술을 과육과 함께 준비합니다. 과육을 수저로 으깬 뒤 밀가루를 적당량 섞어 농도를 맞춰 천연팩을 만듭니다.

HOW TO MAKE

재료 : 다래 1개, 꿀 1큰술, 밀가루 2큰술

Step 1
깨끗하게 씻어 껍질을 벗긴 다래는 적당한 크기로 잘라 믹서에 간다. 다래 씨앗이 곱게 갈리도록 충분히 갈아준다.

Step 2
①에 꿀과 밀가루를 골고루 섞어 흘러내리지 않을 정도로 적당한 농도를 맞춘다.

Step 3
얼굴에 다래 팩을 바른다.

Step 4
15분 후 미온수로 깨끗이 씻어낸다.

38
두유 팩

피부 영양 공급
(노화 및 건성 피부)

잘 불려놓은 메주콩을 냄비에 폭폭 삶아 갈아낸 건강한 두유 한 잔. 삶은 메주콩은 하루이틀 정도 냉장 보관할 수 있습니다. 기호에 따라 우유나 견과류와 함께 갈아 약간의 소금을 더해 마시면 간식으로도, 든든한 아침 식사로도 손색없습니다. 남은 두유로 거칠어진 피부를 위해 촉촉한 영양 팩을 해보세요. 단, 팩으로 이용할 때는 시판 두유는 피하는 게 좋습니다. 각종 식품 보존제 및 합성향, 색소 등 인공 첨가물이 들어 있어 원하는 효과를 얻기 어렵기 때문입니다. 단백질과 각종 비타민이 풍부한 콩은 피부를 매끄럽고 윤기 있게 해줍니다. 믹서로 곱게 갈아놓은 두유에 우유, 밀가루, 꿀을 첨가해 만든 천연팩은 피부 보습 효과를 볼 수 있을 뿐만 아니라 씻어낼 때 부드럽게 문질러주면 콩 입자로 인해 스크럽 효과까지 누릴 수 있습니다.

피부 팩으로도 활용할 수 있는 홈메이드 두유 만들기
1. 메주콩이 충분히 잠기도록 물을 붓고 8시간가량 불린다.
2. 불린 메주콩을 냄비에 넣고 거품을 걷어내며 삶는다.
3. 삶은 메주콩을 건져 기호에 따라 물이나 우유를 적당량 넣고 믹서에 곱게 간다.

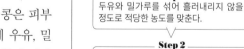

HOW TO MAKE

재료 : 홈메이드 두유 3큰술, 밀가루 2큰술, 꿀 1큰술

Step 1
두유와 밀가루를 섞어 흘러내리지 않을 정도로 적당한 농도를 맞춘다.

Step 2
①에 꿀을 섞는다.

Step 3
얼굴에 두유 팩을 바른다.

Step 4
15~20분 후 미온수로 깨끗이 씻어낸다.

— 39 —
둥굴레 팩

기미 주근깨 제거 · 미백 · 보습
(건성 피부)

거칠고 투박하게 생긴 둥굴레는 차로 마시면 피로를 회복하고 기력을 보충하는 데 도움을 줍니다. 생기 있는 하루를 만들어주는 차라고 해도 과언이 아니지요. 예로부터 둥굴레는 신선초라 불리며 신선들이 먹는 음식이라 할 만큼 잘 알려져 있는 건강 식품입니다. 실제로 혈액 순환을 원활히 하며, 혈압과 혈당을 내리고, 두통과 어지럼증에도 효과적이라 건강 음용수로 즐기는 가정이 많습니다. 둥굴레의 항산화 물질은 피부 노화 방지에 도움을 주고, 기미나 주근깨, 잡티 제거에 효과적이어서 밀가루와 함께 팩을 만들면 피부 미백 효과를 볼 수 있습니다. 둥굴레 잎이나 줄기를 찧어 만든 즙을 얼굴에 발라도 효과적입니다. 주 1~2회 둥굴레 팩이나 둥굴레 차 세안을 하면 촉촉하고 한층 환한 피부를 만들 수 있습니다.

둥굴레 차 끓이기
흐르는 물에 씻어낸 둥굴레 10그램과 물 1리터를 약불에서 20분 정도 은근히 끓여 따뜻하게 데워 마시거나 냉장 보관하면 2~3일 정도 음용수로 즐길 수 있습니다. 식힌 둥굴레 차를 세안 후 마지막 단계의 헹굼물로 사용해도 좋습니다.

HOW TO MAKE

재료 : 둥굴레 차 2큰술, 밀가루 2½큰술, 꿀 1큰술

— **Step 1** —
둥굴레 차를 끓여 식힌다.

— **Step 2** —
①에 밀가루와 꿀을 섞어 흘러내리지 않을 정도로 적당한 농도를 맞춘다.

— **Step 3** —
둥굴레 팩을 얼굴에 바른다.

— **Step 4** —
15~20분 후 미온수로 깨끗하게 씻어낸다.

40
매실청 팩

여드름·트러블 완화
(지성 피부)

매실은 신진대사를 원활히 해 소화와 피로 회복을 돕고 활력을 불어넣어 줍니다. 각종 요리의 양념으로 쓰여 새콤달콤함을 더하는 매실청은 따뜻한 물이나 찬물에 희석해 음료로 즐겨도 좋습니다. 매실에는 무기질과 비타민, 각종 유기산이 풍부하고 해독 작용이 뛰어나 식중독과 배탈 등에 대비한 가정 상비약으로도 이용 됩니다. 변비 예방에도 효과적입니다. 매실청을 희석한 물로 세안하거나 팩을 하면 각질 제거에 도움이 되며 피부 보습, 트러블 완화에도 효과적입니다.

주의 : 피부가 건조할 때는 꿀을 첨가합니다. 민감한 피부는 피하는 것이 좋습니다.

HOW TO MAKE

재료 : 매실청 2큰술, 밀가루 2큰술

Step 1
매실청 2큰술과 밀가루 2큰술을 섞어 흘러 내리지 않을 정도로 적당한 농도를 맞춘다.

Step 2
매실청 팩을 얼굴에 바른다.

Step 3
10분 후 미온수로 깨끗하게 씻어낸다.

Tip
매실청 세안
세안 후 마지막 헹굼물로 매실청과 물을 1대10 비율로 희석해 얼굴에 물을 끼얹듯 세안하면 매실의 항염 효과로 인하여 피부 트러블 예방에 도움을 받을 수 있습니다.

— 41 —
미숫가루 팩

모공 케어·각질 제거·미백
(지성 피부·중성 피부)

보리, 율무, 찹쌀, 콩, 깨 등 다양한 곡물을 찌고 말리고 볶아 보들보들 갈아내면 구수한 미숫가루가 만들어지는데, 다양한 곡물이 섞여 있는 만큼 효능 또한 훌륭합니다. 한 잔만 마셔도 배가 든든해지는 것은 물론, 곡물에 함유된 풍부한 식이섬유소가 배변 활동을 원활히 해 체내 노폐물 제거에 도움을 주고 피부 미용에도 효과적입니다. 또한 미숫가루는 훌륭한 미용 재료이기도 합니다. 부드러운 곡물 입자는 피부의 잡티와 각질을 제거해주는 훌륭한 천연 재료로, 여름철 넓어진 모공 속 노폐물 제거와 각질 제거에 효과적인 스크럽제로 이용할 수 있습니다.

주의 : 시판 미숫가루는 식품 첨가물이 들어 있을 수도 있으니, 곡물을 직접 갈아서 판매하는 미숫가루를 이용하세요.

 Tip

건성 피부라면?
피부가 건조해지는 가을철이나 겨울철에는 꿀을 1큰술을 첨가하면 미숫가루 팩의 효과를 더욱 높일 수 있습니다.

미숫가루 스크럽제 만들기
클렌징 오일에 미숫가루를 1~2큰술가량 섞으면 초간단 미숫가루 스크럽제가 만들어집니다.

HOW TO MAKE

재료 : 미숫가루 2큰술, 우유 3큰술

_____ **Step 1** _____
미숫가루와 우유를 섞는다.

_____ **Step 2** _____
미숫가루 팩을 얼굴에 바른다.

_____ **Step 3** _____
15·20분 후 미온수로 씻어낸다.

42

소금 팩

각질 제거 · 피지 조절
(모든 피부)

소금은 피부의 묵은 각질을 제거하는 데 효과적이며, 마사지를 통해 혈류의 흐름을 도울 뿐만 아니라, 반신욕이나 헹굼 시 물에 녹여 사용하면 피부에 미네랄을 공급해 부드럽고 매끈하게 해줍니다. 이밖에 과일이나 식물성 오일, 곡물 가루 등과 섞어 다양한 천연팩으로 활용할 수 있습니다. 스크럽용으로 사용되는 소금은 입자가 고운 죽염이나 사해 소금이 좋습니다. 입자가 굵으면 곱게 갈아서 사용해야 피부에 상처가 나지 않습니다. 소금 팩은 피부의 묵은 각질을 제거해 피부 보습에 도움을 주며, 살균 작용을 해서 피지 조절 및 모공 관리에도 효과적입니다.

주의 : 민감한 피부라면 피하는 게 좋습니다. 입욕 및 반신욕, 세안 시에는 농도가 진해지지 않도록 주의합니다.

 Tip

소금물 세안, 족욕, 반신욕
세안 후 마지막 헹굼물에 소금 1작은술을 풀어 녹인 후 얼굴에 물을 끼얹어 흡수시켜 마무리합니다. 족욕 시 소금 1큰술을 녹인 물에 15~20분간 담갔다기 수건으로 물기를 닦아냅니다. 반신욕 시 소금 100g을 풀어 녹인 후 20여 분간 입욕한 다음 수건으로 물기를 닦아냅니다.

HOW TO MAKE

재료 : 소금 ½큰술, 물 1큰술

Step 1
소금은 입자가 굵다면 곱게 간다.

Step 2
소금 1큰술에 물을 조금씩 섞어 흐르지 않을 정도로 적당한 농도를 맞춘다.

Step 3
소금 팩을 얼굴에 바른 후 녹이듯 5분간 부드럽게 마사지한다.

Step 4
차가운 물로 헹궈내 모공을 조이고 피부를 진정시킨다.

— 43 —
수수 팩

모공 축소·미백
(모든 피부)

수수는 프로안토시아니딘(proanthocyanidin)을 함유하고 있어 방광염을 호전시키고, 세포의 산화스트레스를 줄여 염증을 완화해줍니다. 수수와 참쌀을 곱게 빻아 1대1 혹은 1대2 비율로 고루 섞어 쫀득쫀득한 수수 부꾸미를 만들어 먹기도 합니다. 수수 부꾸미 반죽은 그 자체로 훌륭한 천연 팩입니다. 수수가루만 개어 천연팩을 해도 좋습니다. 수수는 타닌(tannin) 성분을 함유하고 있어 모공을 조여주며 자극이 적어 민감한 피부에도 사용할 수 있는 곡물입니다. 피부 보습 및 미백에 도움이 되는 쌀뜨물에 개어 모공과 미백 케어를 동시에 시도해보세요.

HOW TO MAKE

재료 : 수수 가루 3큰술, 쌀뜨물 2큰술

Step 1
수수 가루에 쌀뜨물을 넣어 흐르지 않을 정도로 적당한 농도를 맞춘다.

Step 2
수수 팩을 얼굴에 바른다.

Step 3
20분 후 미온수로 깨끗이 씻어낸다.

2가지 고민을 한번에 해결
여드름과 모공이 동시에 고민일 때는 각질 제거에 도움이 되는 요거트를 1~2큰술 더해 팩을 만들어보세요. 피부가 건조할 때는 보습에 효과적인 꿀을 1~2큰술 첨가하면 좋습니다.

44
쌀뜨물 팩

미백·각질 제거·보습
(모든 피부)

쌀뜨물은 팔방미인입니다. 찌개나 국, 죽 등 다양한 요리에 육수 대용으로 사용하면 영양적인 효과뿐만 아니라 구수한 맛을 더해주는 역할을 합니다. 세정 효과 또한 뛰어나 식기류 세척 및 주방의 묵은 때 제거, 도자기 그릇을 닦는 데도 사용할 수 있습니다. 또한 식물의 거름으로 활용할 수 있을 뿐만 아니라 EM발효액을 만드는 데도 사용됩니다. 요리에서 청소, 거름까지 다방면으로 활용 가능한 쌀뜨물. 팔방미인이라 부르는 게 당연하지 않을까요. 쌀뜨물에는 비타민 B_1과 비타민 E, 단백질이 풍부하게 함유되어 있어 각질 제거뿐 아니라 피부 보습과 미백에도 도움이 됩니다. 쌀뜨물 세안은 예로부터 전해져 내려오는 피부 미용법 중 하나입니다. 곡물의 영양분과 함께 항균, 소염 작용과 모공을 튼튼하게 해주는 성분으로 피부 미백과 보습뿐 아니라 트러블 케어에도 효과적입니다.

쌀뜨물, 똑똑하게 사용하는 법
쌀뜨물은 위생상 첫 번째 씻은 물은 버리고 두세 번째 씻은 물을 사용하는 것이 좋습니다. 다른 재료와 함께 사용하면 각질 제거와 미백 효과를 더해 피부를 보다 밝게 해줍니다.

HOW TO MAKE

재료 : 쌀뜨물 2큰술, 밀가루 1큰술, 꿀 1큰술

Step 1
쌀뜨물은 2시간가량 가라앉힌다.

Step 2
윗물을 따라내고 바닥에 가라앉은 곡물 찌꺼기에 밀가루와 꿀을 섞어 흐르지 않을 정도로 적당한 농도를 맞춘다.

Step 3
쌀뜨물 팩을 얼굴에 바른다.

Step 4
15~20분 후 미온수에 깨끗하게 씻어낸다.

45

와인 팩

각질 제거·미백·
노화 방지
(모든 피부)

폴리페놀이 풍부한 와인은 항산화 기능이 탁월해 노화 방지에 도움이 되는 미용 재료로 유명합니다. 알코올 성분을 날린 다음 글리세린과 꿀을 첨가하면 천연 스킨으로 사용할 수도 있습니다. AHA 성분이 포함돼 있어 피부의 묵은 각질 제거 및 기미, 주근깨 완화, 미백에 효과적인 천연팩 재료이기도 합니다.

주의 : 알코올 성분이 자극을 줄 수 있으니 민감성 피부는 사용을 피합니다. 중탕으로 알코올 성분을 날린 후 충분히 식혀 냉장 보관하면 걱정 없이 사용할 수 있습니다. 단, 패치 테스트는 필수입니다!

HOW TO MAKE

재료 : 레드 또는 화이트 와인 5큰술, 밀가루 1큰술, 꿀 1큰술

Step 1
와인은 중탕해서 알코올 성분을 날린다.

Step 2
①에 밀가루와 꿀을 첨가해 흐르지 않을 정도로 적당한 농도를 맞춘다.

Step 3
와인 팩을 얼굴에 바른다.

Step 4
15~20분 후 미온수로 깨끗하게 씻어낸다.

보습력 더한 와인 팩 만들기
알코올 성분을 날린 와인 한 잔에 꿀이나 글리세린 1큰술을 넣고 충분히 섞은 다음 거즈나 마스크시트 혹은 화장솜을 적셔 팩을 하면 묵은 각질 제거 및 피부 보습에 효과적입니다.

와인으로 반신욕하기
와인 4~5잔을 섞어 반신욕을 하면 신진대사를 도와 뭉친 근육을 풀고 노폐물을 제거하는 효과가 있습니다.

— 46 —

우엉차 팩

트러블 및 여드름 완화
(트러블 피부)

얼마 전부터 매스컴에 연일 보도되면서 건강과 다이어트에 효과적인 차로 뜨거운 관심을 받고 있는 우엉차. 몸을 건강하고 예쁘게 만들어주는 우엉차는 식이섬유소, 비타민 C, 철분, 칼슘이 풍부하고 신진대사를 활발하게 해주며 체내 콜레스테롤 수치를 낮추고 독소를 배출하는 효과가 있습니다. 구수하고 담백한 맛으로 누구나 거부감 없이 물처럼 즐겨 마시기 좋은 우엉차는 피부 보습막을 형성하는 데 도움을 주며, 탄닌(tannin) 성분이 풍부해 피부 염증을 완화시키는 데 도움을 줍니다. 우엉차를 세안 마지막 단계에 사용하거나 화장솜에 적셔 우엉차 팩을 하면 피부 보습 및 아토피나 여드름 등 피부 트러블 완화에 도움이 됩니다.

 Tip

팩에 활용할 우엉차 만들기
우엉은 껍질째 흐르는 물에 깨끗하게 씻어 얇게 썬 뒤 2~3일간 바짝 말립니다. 말린 우엉을 마른 프라이팬에 약불로 타지 않게 덖어준 다음 식혀 밀봉 보관합니다. 찬물 혹은 뜨거운 물에 우려내 마십니다.

우엉차로 족욕하기
진하게 우려낸 따뜻한 우엉차로 15분간 족욕합니다. 우엉차로 족욕을 하면 신진대사를 돕고 항균 효과가 있어 트러블 완화에 효과적입니다.

HOW TO MAKE

재료 : 우엉차 2큰술, 오트밀 가루 3큰술, 꿀 1큰술

— **Step 1** —
우엉차를 식힌다.

— **Step 2** —
①에 오트밀 가루와 꿀을 넣어 흐르지 않을 정도로 적당한 농도를 맞춘다.

— **Step 3** —
우엉차 팩을 얼굴에 바른다.

— **Step 4** —
15~20분 후 미온수에 깨끗하게 씻어낸다.

— 47 —

우유 팩

보습·각질 제거·미백
(건성 피부)

음료나 요리로 다양하게 활용하는 우유는 천연팩의 일등공신이기도 합니다. 보습 효과뿐만 아니라 우유 속 단백질 분해 효소가 묵은 각질을 제거하고 피부에 영양을 공급하는 팔방미인이기에 공중목욕탕에서 우유로 마사지하거나 세안하는 모습을 흔히 볼 수 있습니다. 값이 저렴할 뿐 아니라 다방면으로 효과가 있어 각종 천연팩을 만들 때 물 대신 사용하면 그 효과가 향상되니 천연팩 마니아가 아닌 초보라도 우유 팩은 꼭 한번 도전해 보세요.

주의 : 화농성 여드름이 있는 경우에는 피하는 것이 좋습니다.

HOW TO MAKE

재료 : 우유 4큰술, 밀가루 1큰술

Step 1
밀가루에 우유를 섞어 흐르지 않을 정도로 적당한 농도를 맞춘다.

Step 2
우유 팩을 얼굴에 바른다.

Step 3
15~20분 후 미온수로 깨끗하게 씻어낸다.

간단 우유 팩 만들기
밀가루에 개지 않고 우유 그대로 팩이 되는 간단 우유 팩은 시간이 많이 소요되지 않으니, 바쁜 시간 짬 내서 팩을 하고 싶을 때 적극 추천합니다.
1. 우유를 화장솜에 충분하게 적신다.
2. ①을 얼굴에 올린다.
3. 10여 분 후 화장솜을 떼어내고 미온수로 깨끗하게 씻어낸다.

48

카카오 팩

노화 방지·각질 제거
피지 흡착
(모든 피부)

카카오에는 항산화 효과가 뛰어난 폴리페놀과 각종 미네랄이 포함되어 있어 건강에 좋으며 각질 제거, 피지 흡착 및 보습과 노화 방지에도 효과적입니다. 초콜릿으로 묵은 각질을 제거하고 피부의 보습력을 더하는 스파를 즐기는 사람들이 있을 만큼, 카카오는 피부를 윤기 있게 해주는 좋은 미용 재료입니다. 피부에 빛을 주는 카카오 팩을 만들어보세요. 카카오 팩을 하는 동안 달콤한 초콜릿 향으로 치유되는 느낌을 받을 수 있을 겁니다.

주의: 첨가물이 들어간 초콜릿이나 코코아 가루는 트러블을 일으킬 수 있으니 100% 카카오 분말로 팩을 만듭니다.

HOW TO MAKE

재료 : 카카오 분말 2큰술, 꿀 1큰술, 우유 1큰술

Step 1
카카오 분말과 우유, 꿀을 섞어 흐르지 않을 정도로 적당한 농도를 맞춘다.

Step 2
카카오 팩을 얼굴에 바른다.

Step 3
15분 후 미온수로 깨끗하게 씻어낸다.

카카오 분말로 보디 마사지하기
우유 200ml에 카카오 분말 3~4큰술을 풀어 카카오 우유를 만든 후 몸에 끼얹어 보디 마사지를 해보세요. 피부 보습 효과를 누릴 수 있습니다.

— 49 —

커피 요거트 팩

**각질 제거·모공 관리
미백·피지 조절**
(모든 피부)

커피의 인기로 이제는 집에서 커피를 내려 마시는 사람도 많고, 그렇지 않더라도 커피 찌꺼기를 쉽게 구할 수 있습니다. 식물의 거름으로 사용하거나 설거지나 청소할 때, 방습제 및 방향제로도 다양하게 활용되는 커피는 피부 미용에도 매우 유용한 재료입니다. 입자가 고운 원두 분말로 스크럽을 하면 모공 속 노폐물 제거와 각질 제거에 효과적이어서 거칠어진 피붓결을 정돈할 수 있습니다. 얼굴뿐만 아니라 각질이 쉽게 생기는 팔꿈치, 발꿈치 등의 보디 스크럽제로도 효과적입니다. 보습과 피지 조절에 도움이 되는 플레인 요거트와 섞어 팩을 하면 촉촉하고 매끈한 피부를 만들 수 있습니다.

주의 : 과하게 문지르면 피부에 자극을 줄 수 있으므로 부드럽게 씻어냅니다. 팩으로 사용할 경우 고운 가루를 사용해야 피부에 자극이 가지 않습니다. 건성 피부라면 플레인 요거트 대신 꿀이나 올리브오일을 첨가하면 좋습니다.

커피로 세안하기
원두 분말 1큰술을 물에 풀어 우려낸 다음 세안하면 피지 조절과 미백에 도움이 됩니다.

HOW TO MAKE

재료 : 원두 분말 1큰술, 플레인 요거트 1큰술

Step 1
원두 분말에 플레인 요거트를 섞어 흐르지 않을 정도로 적당한 농도를 맞춘다.

Step 2
커피 요거트 팩을 얼굴에 바른다.

Step 3
15~20분 후 부드럽게 문지르며 미온수로 깨끗하게 씻어낸다.

● 커피 요거트 팩을 할 때는 눈에 원두 분말이 들어가지 않도록 주의합니다.

50

홍차 팩

트러블 케어·
모공 관리·보습
(모든 피부)

홍차는 폴리페놀의 일종인 카테킨(catechin) 성분을 함유하고 있어 항산화 작용 및 노화 방지에 효과적입니다. 또한 체내 혈중 콜레스테롤을 낮춰주고, 항염증 및 항바이러스 작용을 해서 심장질환 및 동맥경화, 뇌졸중, 암 발생 위험을 줄여주는 건강차이기도 합니다. 홍차는 종류가 다양해서 기호에 따라 우유와 꿀을 넣어 밀크티로 즐기기도 하고 다양한 가향차로 따뜻하게 혹은 차갑게도 즐기며 기분전환하기에 좋습니다. 무엇보다 홍차는 트러블 케어 및 모공 관리에 도움을 주며 주름 예방에도 효과적이니 차를 우려내고 남은 티백이나 잎차를 활용해 족욕 혹은 반신욕에 사용해보세요. 피부의 유수분 밸런스를 맞추고 트러블을 진정시키는데 도움을 받을 수 있을 겁니다.

HOW TO MAKE

재료 : 홍차 4큰술, 오트밀 가루 1큰술

Step 1
우려낸 홍차를 충분히 식힌다.

Step 2
①에 오트밀 가루를 넣어 적당한 농도로 섞어준다.

Step 3
홍차 팩을 얼굴에 바른다.

Step 4
15분 후 미온수로 깨끗하게 씻어낸다.

밀크티 활용하기
부드럽고 달콤한 밀크티 한 잔을 만들고 남은 홍차에 밀가루나 곡물 가루를 넣어 간단한 홍차 팩으로 활용해도 좋습니다.

INDEX